普通高等教育"十三五"规划教材

"十三五"江苏省高等学校重点教材（编号：2018-2-052）

传感器与检测技术实践训练教程

张青春　李洪海　主编

段卫平　纪剑祥　参编

机械工业出版社

本书针对应用型本科教育和新工科的特点，结合测控技术与仪器专业工程教育认证标准，适应社会对专业人才的需求，以提升学生实践应用能力为目标，精心组织教材内容。本书共分4篇12章，第1篇（第1~6章）为传感器技术、光电检测技术和无损检测技术等相关课程的基础性实验；第2篇（第7~8章）为工业传感器与自动化仪器仪表生产实习实践教学内容；第3篇（第9~10章）为创意性与综合性设计实践教学内容；第4篇（第11~12章）为测控系统与仪器设计案例。

本书编写体系新颖，内容组织合理，内容安排符合学习规律，将基础性实验、生产实习、课程综合设计训练等主要实践性教学环节融于一体，强化工程意识，培养问题分析、设计开发、科学研究和解决复杂工程问题的能力。本书可作为测控技术与仪器、自动化、电子信息工程、电气工程及其自动化、物联网工程等应用型本科专业的实践训练教材，也可作为相关专业技术人员的参考资料。

图书在版编目（CIP）数据

传感器与检测技术实践训练教程/张青春，李洪海主编. —北京：机械工业出版社，2019.5（2025.1重印）

"十三五"江苏省高等学校重点教材　普通高等教育　"十三五"规划教材

ISBN 978-7-111-62500-1

Ⅰ.①传…　Ⅱ.①张…②李…　Ⅲ.①传感器-检测-高等学校-教材

Ⅳ.①TP212

中国版本图书馆CIP数据核字（2019）第070509号

机械工业出版社（北京市百万庄大街22号　邮政编码100037）

策划编辑：吉　玲　责任编辑：吉　玲　王　康

责任校对：潘　蕊　封面设计：张　静

责任印制：常天培

固安县铭成印刷有限公司印刷

2025年1月第1版第4次印刷

184mm×260mm·12.75印张·314千字

标准书号：ISBN 978-7-111-62500-1

定价：32.00元

电话服务　　　　　　　　网络服务

客服电话：010-88361066　　机　工　官　网：www.cmpbook.com

　　　　　010-88379833　　机　工　官　博：weibo.com/cmp1952

　　　　　010-68326294　　金　书　网：www.golden-book.com

封底无防伪标均为盗版　　机工教育服务网：www.cmpedu.com

前　言

传感器是实现对物理环境或人类社会信息获取的基本工具，是检测系统的首要环节，是信息技术和物联网的源头，是智能检测技术与应用的基础。工业和信息化部、科技部、财政部、国家标准化管理委员会于 2013 年 3 月联合印发了《加快推进传感器及智能化仪器仪表产业发展行动计划》，实施期为 2013 年至 2025 年。《中国制造 2025》中明确把研制智能传感器、高端仪表标准作为研究的重点项目。

本书包含测控技术与仪器专业部分课程的基础性实验、工业传感器与自动化仪器仪表生产实习、创意性和综合性设计、测控系统与仪器设计案例四大模块，在保证基础性实验的前提下，注重学生的工程实践训练和创新实践训练，融入仪器仪表学科前沿新技术和应用成果，突出应用性和实用性，具有一定的学术价值。本书主要特色与创新体现在如下几个方面。

（1）精选实训教学内容，强化知识、能力和素质的综合培养。基础性实验部分选取信息检测类课程实验，加大了综合性和设计性的实验项目；工业传感器与自动化仪器仪表生产实习部分重点介绍了合作共建的实践教学基地部分产品的技术性能及应用领域，培养学生的工程意识、职业素养和沟通能力；创意性与综合性设计部分主要针对测控专业课程综合设计、创新实践综合设计等主要实践性教学环节，根据本专业的课程设置和专业发展，编写创意性与综合性实践训练课题及设计要求，培养学生的创新意识，问题分析、设计开发和科学研究能力，以及团队合作精神；测控系统与仪器设计案例部分精选了编者团队科研成果、学生创新实践成果，开拓学生的视野，培养学生的创新创业实践能力。

（2）采用模块化结构，思路清晰，易于实训教学。本书共分为四大模块：第 1~6 章为基础性实验模块，分别介绍传感器技术、光电检测技术和无损检测技术等信息检测类课程的基础实验，为进行测控系统设计奠定基础；第 7、8 章为工业传感器与自动化仪器仪表生产实习模块，主要为培养方案中生产实习环节提供技术支撑；第 9、10 章为创意性与综合性实践教学模块，为课程综合设计、创新实践综合设计提供技术及标准支撑；第 11、12 章为测控系统与仪器设计案例模块，分别介绍智能仪器与机器人设计、无线传感器网络与物联网系统设计，为学生进行测控系统与仪器设计提供范例和技术支撑。

（3）贯彻"以学生为中心、成果为导向"的新工科教学理念。本书按照工程教育认证标准、仪器类专业教学质量国家标准和新工科建设要求，内容选取兼顾知识、能力和素质的综合培养；通过传感器与检测技术的综合实践训练，培养学生解决测控系统与仪器复杂工程问题的能力，并形成创新成果。

本书可作为测控技术与仪器、自动化、电子信息工程、电气工程及其自动化、物联网工程等应用型本科专业实践训练教材，也可作为相关专业技术人员的参考资料。

本书内容体系是编者团队承担 2018 年教育部高等学校仪器类专业新工科建设项目

（2018C012）的研究成果。

本书由张青春、李洪海主编，段卫平、纪剑祥参编。其中第1~4、6章由李洪海编写，第5章由纪剑祥编写，第9、10章由段卫平编写，第7、8、11、12章由张青春编写，张青春负责全书统稿工作。江苏苏仪集团陈云副总经理、崔善超工程师为第7、8章的编写提供了重要的资料，本书参考文献中所列出的各位作者以及众多未能一一列出的作者为编者提供了宝贵而丰富的参考资料，在此表示诚挚的谢意。同时，对机械工业出版社的大力支持和帮助表示衷心的感谢！

由于编者水平有限，缺点和错误在所难免，恳请各位专家和读者不吝赐教，以利于不断完善。

编者邮箱：1524668968@qq.com。

编　者

目 录 Contents

V

第2篇　工业传感器与自动化仪器仪表生产实习

第3篇 创意性与综合性设计

第4篇 测控系统与仪器设计案例

第1篇

基础性实验

本篇针对测控技术与仪器专业和其他相近工科专业开设的传感器技术、自动检测技术、光电检测技术、无损检测技术等课程，依据课程教学大纲安排的实践性教学环节，整合部分专业基础性实验项目，分别介绍力学量传感器实验，振动量传感器实验，温度传感器实验，磁敏、气敏和湿敏传感器实验，光电传感器实验、无损检测技术实验。

在实验项目设置和内容编写时，充分考虑理论课程与实践课程内容的统一、专业基础课和专业课内容的衔接、多学科技术的有机融合，加大了综合型、设计型和应用型实验项目的比例，注重学生自主实验，培养学生分析问题和解决问题的能力。

第1～4章实验项目主要以 CSY-XS-01 传感器系统实验箱为实验平台（详见 1.6 节）进行相关实验；第5章实验项目主要在光电检测综合实验仪平台上完成，部分项目在传感器技术实验平台上完成；第6章无损检测技术实验项目主要利用专用的无损检测仪器设备，采用超声波、电磁波等方法进行金属及非金属缺陷诊断。

第1章

力、压力传感器实验

1.1 应变片桥路特性实验

1.1.1 实验目的

（1）通过电阻应变片工作原理与应用的学习，掌握应变片单臂、半桥（双臂）和全桥测量电路的工作特点及性能。

（2）比较单臂、半桥、全桥输出时的灵敏度和非线性度，得出相应的结论。

（3）通过应变片桥路特性实验，培养学生实验设计、实施、调试、测试和数据分析的能力。

1.1.2 基本原理

电阻应变式传感器是在弹性元件上通过特定工艺粘贴电阻应变片，利用电阻材料的应变效应，将工程结构件的内部变形转换为电阻变化的传感器。此类传感器主要是通过一定的机械装置将被测量转化成弹性元件的变形，然后由电阻应变片将变形转换成电阻的变化，再通过测量电路进一步将电阻的改变转换成电压或电流信号输出。其可用于能转化成变形的各种非电物理量的检测，如力、压力、加速度、力矩、质量等，在机械加工、计量、建筑测量等行业应用十分广泛。

1. 应变片的电阻应变效应

所谓电阻应变效应是指具有规则外形的金属导体或半导体材料在外力作用下产生应变而其电阻值也会产生相应改变的物理现象。以圆柱形导体为例，设其长为 L、半径为 r、材料的电阻率为 ρ，根据电阻的定义式得

$$R = \rho \frac{L}{A} = \rho \frac{L}{\pi r^2} \tag{1-1}$$

当导体因某种原因产生应变时，其长度 L、截面积 A 和电阻率 ρ 的变化为 $\mathrm{d}L$、$\mathrm{d}A$、$\mathrm{d}\rho$，相应的电阻变化为 $\mathrm{d}R$。经推导，电阻变化率 $\mathrm{d}R/R$ 为

$$\frac{\mathrm{d}R}{R} = (1 + 2\mu)\varepsilon + \frac{\mathrm{d}\rho}{\rho} \tag{1-2}$$

式中，μ 为材料的泊松比，大多数金属材料的泊松比为 $0.3 \sim 0.5$；ε 为导体的轴向应变量。式（1-2）说明电阻应变效应主要取决于它的几何应变（几何效应）和本身特有的导电性能

(压阻效应)。

2. 应变灵敏度

应变灵敏度是指电阻应变片在单位应变作用下所产生的电阻相对变化量。

（1）金属导体的应变灵敏度：主要取决于其几何效应；可取

$$\frac{dR}{R} \approx (1+2\mu)\varepsilon \tag{1-3}$$

其灵敏度为

$$K = \frac{dR/R}{\varepsilon} \approx 1+2\mu \tag{1-4}$$

金属导体在受到应变作用时将产生电阻的变化，拉伸时电阻增大，压缩时电阻减小，且与其轴向应变成正比。金属导体的电阻应变灵敏度一般在 2~6 之间。

（2）半导体的应变灵敏度：主要取决于其压阻效应；$dR/R \approx d\rho/\rho$。半导体材料之所以具有较大的电阻变化率，是因为它有远比金属导体显著得多的压阻效应。在半导体受力变形时会暂时改变晶体结构的对称性，因而改变了半导体的导电机理，使得它的电阻率发生变化，这种物理现象称为半导体的压阻效应。而且，不同材质的半导体材料在相同受力条件下产生的压阻效应不同，可以是正（使电阻增大）的或负（使电阻减小）的压阻效应。也就是说，同样是拉伸变形，不同材质的半导体将得到完全相反的电阻变化效果。

半导体材料的电阻应变效应主要体现为压阻效应，可正可负，与材料性质和应变方向有关，其灵敏度较大，一般在 100~200 之间。

3. 贴片式应变片应用

在贴片式工艺的传感器上普遍应用金属箔式应变片，贴片式半导体应变片（温漂、稳定性、线性度不好而且易损坏）很少应用。一般半导体应变采用 N 型单晶硅为传感器的弹性元件，在它上面直接蒸镀扩散出半导体电阻应变薄膜（扩散出敏感栅），制成扩散型压阻式（压阻效应）传感器。

*本实验以金属箔式应变片为研究对象。

4. 箔式应变片的基本结构

应变片是在苯酚、环氧树脂等绝缘材料的基板上，粘贴直径为 0.025mm 左右的金属丝或金属箔制成的，如图 1-1 所示。

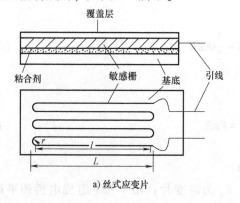
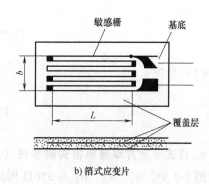

a) 丝式应变片   b) 箔式应变片

图 1-1　应变片结构图

金属箔式应变片就是通过光刻、腐蚀等工艺制成的应变敏感元件，与丝式应变片工作原理相同。电阻丝在外力作用下发生机械变形时，其电阻值发生变化，这就是电阻应变效应。描述电阻应变效应的关系式为 $\Delta R/R = K\varepsilon$。式中，$\Delta R/R$ 为电阻丝电阻相对变化，K 为应变灵敏度，$\varepsilon = \Delta L/L$ 为电阻丝长度相对变化。

5. 测量电路

为了将电阻应变式传感器的电阻变化转换成电压或电流信号，在应用中一般采用电桥电路作为其测量电路。电桥电路具有结构简单、灵敏度高、测量范围宽、线性度好且易实现温度补偿等优点，能较好地满足各种应变测量要求，因此在应变测量中得到了广泛的应用。

电桥电路按其工作方式分，有单臂、双臂和全桥三种。单臂工作输出信号最小，线性、稳定性较差；双臂输出是单臂的 2 倍，性能比单臂有所改善；全桥工作时的输出是单臂时的 4 倍，性能最好。因此，为了得到较大的输出电压或电流信号一般都采用双臂或全桥工作。电桥电路如图 1-2a、b、c 所示。

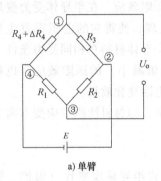 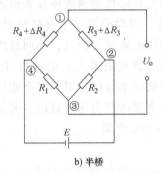 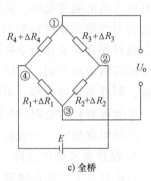

a) 单臂   b) 半桥   c) 全桥

图 1-2 应变片测量电路

（1）单臂：

设 $R_1 = R_2 = R_3 = R_4 = R$，且 $\Delta R_4/R_4 = \Delta R/R << 1$，$\Delta R/R = K\varepsilon$，则

$$U_o \approx \frac{1}{4} \frac{\Delta R}{R} E = \frac{1}{4} K\varepsilon E \tag{1-5}$$

（2）双臂（半桥）：

$$U_o \approx \frac{1}{2} \frac{\Delta R}{R} E = \frac{1}{2} K\varepsilon E \tag{1-6}$$

（3）全桥：

$$U_o \approx \frac{\Delta R}{R} E = K\varepsilon E \tag{1-7}$$

6. 箔式应变片单臂电桥实验原理（见图 1-3）

图 1-3 中，R_1、R_2、R_3 为 350Ω 固定电阻，R_4 为应变片；RP1 和 r 组成电桥调平衡网络，供桥电源直流±4V。

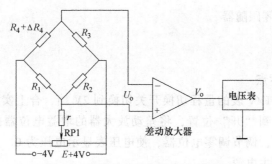

图 1-3　应变片单臂电桥实验原理图

1.1.3　需用器件与单元

机头中的应变梁、振动台；主板中的箔式应变片、电桥、±4V 电源、差动放大器、F/V（频率/电压）表、砝码。熟悉需用器件与单元在传感器箱中机头与主板的布置位置。

1. 主板中的电桥单元

图 1-4 为主板中的电桥单元，其中：

（1）菱形虚框为无实体的电桥模型（为实验者组桥参考而设，无其他实际意义）。

（2）$R_1 = R_2 = R_3 = 350\Omega$ 是固定电阻，为组成单臂应变和半桥应变而配备的其他桥臂电阻。

（3）电位器 RP1、电阻 r 为电桥直流调节平衡网络，电位器 RP2、电容 C 为电桥交流调节平衡网络。

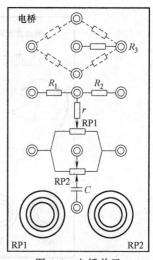

图 1-4　电桥单元

2. 主板中的差动放大器单元

主板中的差动放大器单元如图 1-5 所示，其中 IC1-1 AD620 为差动输入的测量放大器（仪

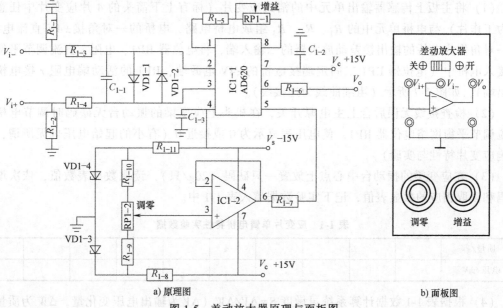

a）原理图　　　　　　　　　　　　　b）面板图

图 1-5　差动放大器原理与面板图

5

用放大器），IC1-2 为调零跟随器。

1.1.4　实验步骤

1. 差动放大器调零点

按图 1-6 接线。将 F/V 表的量程切换开关切换到 2V 档，合上实验箱主电源开关，将差动放大器的拨动开关拨到"开"位置，将差动放大器的增益电位器按顺时针方向轻轻转到底后再逆向回转 1/4 圈，调节调零电位器，使电压表显示电压为 0。差动放大器的零点调节完成，拆除连线，关闭主电源。

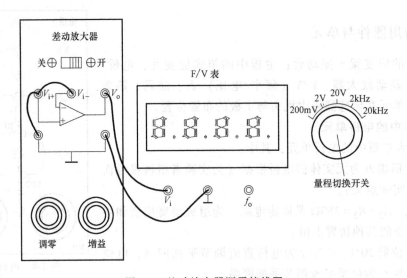

图 1-6　差动放大器调零接线图

2. 应变片单臂电桥特性实验

（1）将主板上传感器输出单元中的箔式应变片（标有上下箭头的 4 片应变片中任意一片为工作片）与电桥单元中的 R_1、R_2、R_3 组成电桥电路，电桥的一对角接 ±4V 直流电源，另一对角作为电桥的输出接差动放大器的二输入端，将电位器 RP1、电阻 r 直流调节平衡网络接入电桥中（电位器 RP1 二固定端接电桥的 ±4V 电源端、RP1 的活动端电阻 r 接电桥的输出端），如图 1-7 所示（粗细曲线为连接线）。

（2）检查接线无误后合上主电源开关，在机头上应变梁的振动台无砝码时调节电桥的直流调节平衡网络电位器 RP1，使电压表显示为 0 或接近 0（有小的起始电压也无所谓，不影响应变片特性与实验）。

（3）在应变梁的振动台中心点上放置一只砝码（20g/只），读取数显表数值，依次增加砝码和读取相应的数显表值，记下实验数据填入表 1-1 中。

表 1-1　应变片单臂电桥特性实验数据

质量/g							
电压/mV							

（4）根据表 1-1 数据计算系统灵敏度 $S = \Delta V / \Delta W$（ΔV 为输出电压变化量，ΔW 为质量变

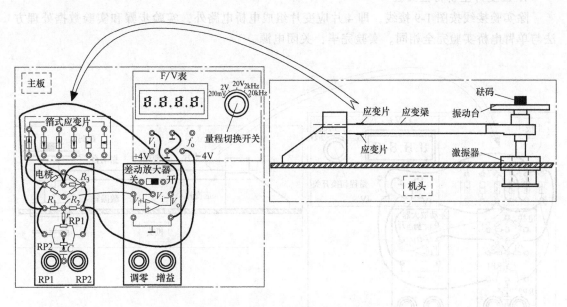

图 1-7　应变片单臂电桥特性实验接线示意图

化量）和非线性误差 $\delta = \Delta m / y_{FS} \times 100\%$（$\Delta m$ 为输出值（多次测量时为平均值）与拟合直线的最大偏差，y_{FS} 为满量程输出平均值，此处为 200g 所对应的最大电压输出值）。实验完毕，关闭电源。

3. 应变片双臂电桥特性实验

除实验接线按图 1-8 接线，即电桥单元中 R_1、R_2 与相邻的两片应变片组成电桥电路外，实验步骤和实验数据处理方法与单臂电桥实验完全相同。实验完毕，关闭电源。

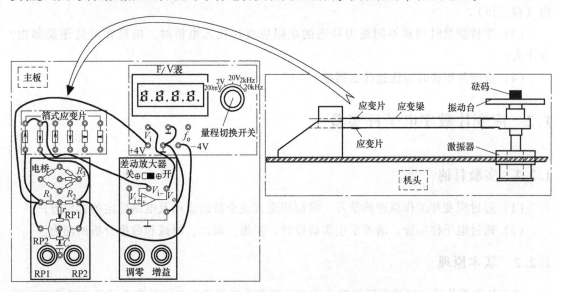

图 1-8　应变片双臂电桥特性实验接线示意图

4. 应变片全桥特性实验

除实验接线按图 1-9 接线，即 4 片应变片组成电桥电路外，实验步骤和实验数据处理方法与单臂电桥实验完全相同。实验完毕，关闭电源。

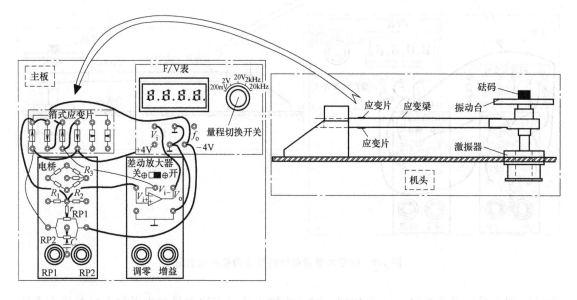

图 1-9　应变片全桥特性实验接线示意图

1.1.5　思考题

（1）ΔR 转换成 ΔV 输出用什么方法？

（2）根据机头中应变梁结构，在振动台放置砝码后分析上、下梁片中应变片的应变方向（拉、压）。

（3）半桥测量时两片不同受力状态的电阻应变片接入电桥时，应接在对边还是邻边？为什么？

（4）应变片组桥时应注意什么问题？

1.2　应变片数字电子秤实验

1.2.1　实验目的

（1）通过应变片工作原理的学习，掌握应变直流全桥的应用及电路标定的标定方法。

（2）通过电子秤实验，培养学生实验设计、实施、调试、测试和数据分析的能力。

1.2.2　基本原理

常用的称重传感器就是应用了箔式应变片及其全桥测量电路。数字电子秤实验原理如图 1-10 所示。本实验只做放大器输出 V_o 实验，通过对电路的标定使电路输出的电压值为质量对应值，电压量纲（V）改为质量量纲（g）即成为一台原始电子秤。

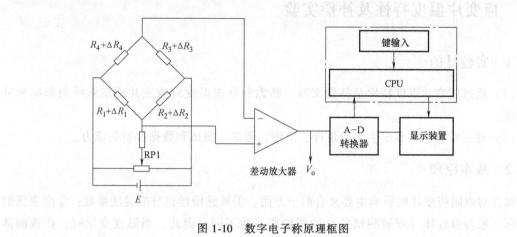

图 1-10　数字电子称原理框图

1.2.3　需用器件与单元

机头中的应变梁、振动台；主板中的箔式应变片、电桥、±4V 电源、差动放大器、F/V 表、砝码。

1.2.4　实验步骤

（1）差动放大器调零点，按图 1-6 接线。将 F/V 表的量程切换开关切换到 2V 档，合上实验箱主电源开关，将差动放大器的拨动开关拨到"开"位置，将差动放大器的增益电位器按顺时针方向轻轻转到底后再逆向回转半圈，调节调零电位器，使数显表显示 0.000V。差动放大器的零点调节完成，关闭主电源。

（2）按图 1-9 接线，检查接线无误后合上主电源开关。在振动台无砝码时，调节电桥中的电位器 RP1，使数显表显示为 0.000V。将 10 只砝码全部置于振动台上（尽量放在中心点），调节差动放大器的增益电位器，使数显表显示为 0.200V（2V 档测量）或 -0.200V。

（3）拿去振动台上的所有砝码，如数显电压表不显示 0.000V，则调节差动放大器的调零电位器，使数显表显示为 0.000V。再将 10 只砝码全部置于振动台上（尽量放在中心点），调节差动放大器的增益电位器，使数显表显示为 0.200V（2V 档测量）或 -0.200V。

（4）重复步骤（3）的标定过程，一直到精确为止，把电压量纲 V 改为质量量纲 g，就可以称重，成为一台原始的电子秤。

（5）把砝码依次放在托盘上，并依次记录质量和电压数据填入表 1-2 中。

（6）根据数据画出实验曲线，计算误差与线性度。

（7）在振动台上放上笔、钥匙之类的小东西称一下质量。实验完毕，关闭电源。

表 1-2　电子称实验数据

质量/g									
电压/mV									

1.3 应变片温度特性及补偿实验

1.3.1 实验目的

（1）通过应变片温度特性及补偿实验，熟悉和掌握温度对应变片测试系统的影响和补偿方法。

（2）通过实验，培养学生实验设计、实施、调试、测试和数据分析的能力。

1.3.2 基本原理

温度对电阻应变片的影响主要来自两个方面：①敏感栅丝自身的温度系数；②应变栅的线膨胀系数与弹性体（或被测试件）的线膨胀系数不同。因此，当温度变化时，在被测体受力状态不变时，输出会有变化。

当两片完全相同的应变片处于同一温度场时，温度的影响是相同的，将电桥电路中的 R_3 换成温度补偿应变片并与固定电阻 R_1、R_2 组成电桥测量电路就能消除温度的影响。

1.3.3 需用器件与单元

机头中的应变梁、振动台；主板中的箔式应变片、加热器、电桥、差动放大器、F/V 表、±4V 电源、1.2~12V 可调电源、砝码。

1.3.4 实验步骤

（1）按图 1-11 接线。将 F/V 表的量程切换开关切换到 20V 档，检查接线无误后合上主电源开关，调节 1.2~12V 可调电源输出为 10V。关闭主电源。

（2）按图 1-7 接线。检查接线无误后合上主电源开关，将 10 只（200g）砝码放在振动台上，在 F/V 表（2V 档）上读取记录数值为 U_{o1}。

（3）将主板上的加热器接口连接到 1.2~12V 可调电源上（已调好 10V），如图 1-12 所示。

数分钟后待数显表电压显示基本稳定后，记下读数 U_{ot}，$U_{ot}-U_{o1}$ 即为温度变化的影响。计算这一温度变化产生的相对误差：

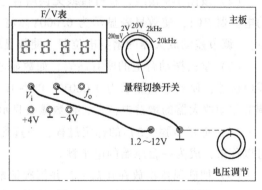

图 1-11 10V 电压调节示意图

$$\delta = \frac{U_{ot}-U_{o1}}{U_{o1}} \times 100\% \tag{1-8}$$

实验完毕，关闭电源。

（4）温度补偿。温度补偿实验接线如图 1-13 所示。

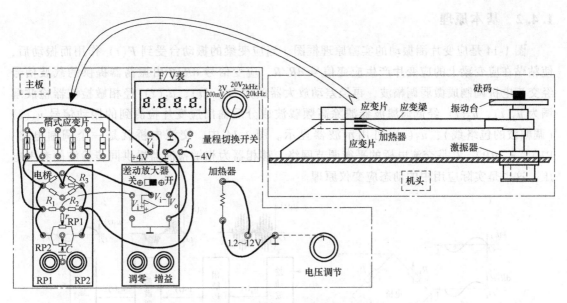

图 1-12　应变片温度影响实验

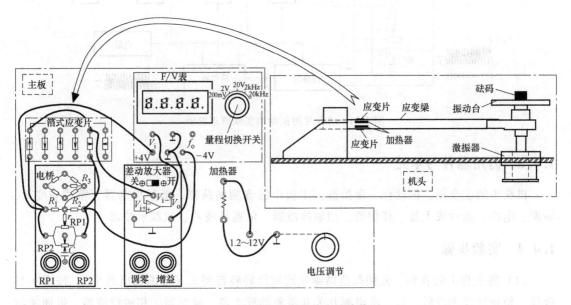

图 1-13　应变片温度补偿实验接线图

1.4　应变片振动测量实验

1.4.1　实验目的

（1）应用应变交流全桥进行振动测量实验，掌握实验相应的测量原理与测量方法。

（2）通过振动测量实验，培养学生实验设计、实施、调试、测试和数据分析的能力。

1.4.2　基本原理

图 1-14 是应变片测振动的实验原理框图。当应变梁的振动台受到 $F(t)$ 作用而振动后，使粘贴在应变梁上的应变片产生应变信号 dR/R，应变信号 dR/R 由振荡器提供的载波信号经交流电桥调制成微弱调幅波，再经差动放大器放大为 $u_1(t)$，$u_1(t)$ 经相敏检波器检波解调为 $u_2(t)$，$u_2(t)$ 经低通滤波器滤除高频载波成分后输出应变片检测到的振动信号 $u_3(t)$（调幅波的包络线），$u_3(t)$ 可用示波器显示。图 1-14 中，交流电桥就是一个调制电路，RP1、r、RP2、C 是交流电桥的平衡调节网络，移相器为相敏检波器提供同步检波的参考电压。这也是实际应用中的动态应变仪原理。

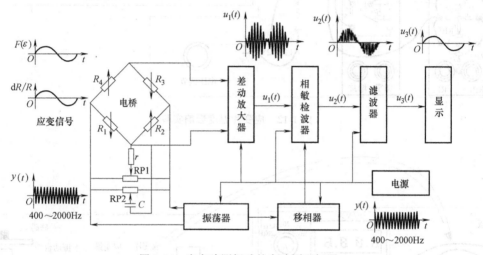

图 1-14　应变片测振动的实验原理框图

1.4.3　需用器件与单元

机头中的应变梁、振动台、激振器；主板中的音频振荡器、低频振荡器、箔式应变片、激振、电桥、差动放大器、移相器、相敏检波器、低通滤波器、双踪示波器。

1.4.4　实验步骤

（1）将主板上的音频、低频振荡器幅度逆时针轻轻转到底（幅值输出最小），按图 1-15 接线。检查接线无误后，合上主电源开关并将差动放大器、移相器、相敏检波器、低通滤波器的拨动开关拨到"开"位置。用示波器（正确选择示波器的"触发"方式及其他（TIME/DIV：在 0.5~0.1ms 范围内选择；VOLTS/DIV：在 2~5V 范围内选择）设置）监测音频振荡器 L_v 的频率和幅值，调节音频振荡器的频率、幅度旋钮，使 L_v 输出 1kHz 左右，幅度（峰-峰值）调节到 10V 的供桥电压。

（2）调整好各环节、各单元电路。调整如下：①将差动放大器的增益电位器顺时针轻轻转到底，再逆时针回转一点点。用示波器（正确选择示波器的"触发"方式及其他（TIME/DIV：在 0.5~0.1ms 范围内选择；VOLTS/DIV：在 0.2V~50mV 范围内选择）设置）观察相敏检波器输出，用手压住机头上的振动台（振动台向下产生较大位移）的同时调节

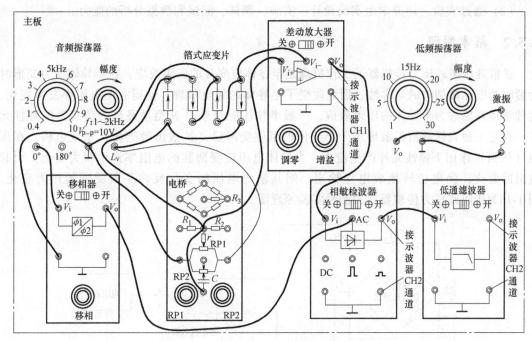

图 1-15　应变片振动测量实验接线图

移相器的移相电位器，使示波器显示的波形为一个全波整流波形。②释放振动台（振动台处于自然状态），再仔细调节电桥单元中的 RP1 和 RP2（交替调节），使示波器（相敏检波器输出）显示的波形幅值很小，接近为一水平线（相邻波形的基准有高低可调节差动放大器的调零电位器）。

（3）将低频振荡器的频率调到 8Hz 左右，调节低频振荡器幅度旋钮，使振动台振动较为明显（如振动不明显再调节频率。注意事项：低频激振器幅值不要过大，以免振动台振幅过大而损坏振动梁的应变片）。用示波器（正确选择双线（双踪）示波器的"触发"方式及其他（TIME/DIV：在 50~20ms 范围内选择；VOLTS/DIV：在 0.2V ~ 50mV 范围内选择）设置）观察差动放大器（调幅波）、相敏检波器及低通滤波器（传感器信号）输出的波形。

（4）分别调节低频振荡器频率和幅度的同时观察低通滤波器输出波形的周期和幅值。

（5）低频振荡器幅度（幅值）不变，调节低频振荡器频率（3~25Hz），每增加 2Hz 用示波器读出低通滤波器输出 V_o 的电压峰-峰值，填入表 1-3，画出实验曲线。实验完毕，关闭电源。

表 1-3　应变交流全桥振动测量实验数据

f/Hz											
$V_{o(p\text{-}p)}$											

1.5　压阻式传感器压力测量实验

1.5.1　实验目的

（1）通过压阻式传感器测量压力实验，掌握压阻式传感器的工作原理和标定方法。

（2）通过实验，培养学生实验设计、实施、调试、测试和数据分析的能力。

1.5.2 基本原理

扩散硅压阻式压力传感器的工作机理是半导体应变片的压阻效应，在半导体受力变形时会暂时改变晶体结构的对称性，因而改变了半导体的导电机理，使得它的电阻率发生变化，这种物理现象称为半导体的压阻效应。一般半导体应变采用 N 型单晶硅为传感器的弹性元件，在它上面直接蒸镀扩散出多个半导体电阻应变薄膜（扩散出敏感栅）组成电桥。在压力（压强）作用下弹性元件产生应力，半导体电阻应变薄膜的电阻率产生很大变化，引起电阻的变化，经电桥转换成电压输出，则其输出电压的变化反映了所受到的压力变化。图 1-16 为压阻式压力传感器压力测量实验原理图。

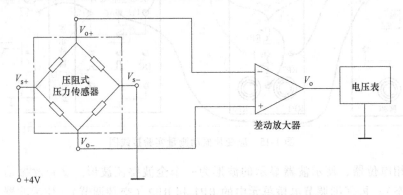

图 1-16　压阻式压力传感器压力测量实验原理图

1.5.3 需用器件与单元

机头中的静态位移安装架、压阻式压力传感器、传感器输入插座、引压胶管、铜三通、手捏气泵、压力表；主板中的 F/V 表、+4V 直流电源、压阻、差动放大器。

1.5.4 实验步骤

（1）将压阻式压力传感器安装在机头静态位移安装架上，并连接好引压胶管、压力表和手捏气泵等，如图 1-17 所示，然后松开手捏气泵的单向阀。

（2）在主板上按图 1-18 接线（注意：压阻的电源端 V_S 与输出端 V_o 不能接错），将 F/V 表的量程切换开关切换到 2V 档。检查接线无误后合上实验箱主电源开关，并将差动放大器的拨动开关拨到"开"位置，将差动放大器的增益电位器按顺时针方向轻轻转到底后再逆向回转半圈，调节调零电位器，使电压表显示电压为 0。

（3）锁紧手捏气泵的单向阀，仔细地反复手捏（注意：用力不要过大）气泵并同时观察压力表，压力上升到 3kPa 左右时调节差动放大器的调零电位器，使电压表显示为相应的 0.3V 左右。再仔细地反复手捏气泵，压力上升到 19kPa 左右时调节差动放大器的增益电位器，使电压表相应显示 1.9V 左右。

（4）仔细地慢悠悠松开手捏气泵的单向阀，使压力慢慢下降到 3kPa 时锁紧气泵的单向阀，调节差动放大器的调零电位器，使电压表显示为相应的 0.300V。再仔细地反复手捏气泵，压力上升到 19kPa 时调节差动放大器的增益电位器，使电压表相应显示 1.900V。

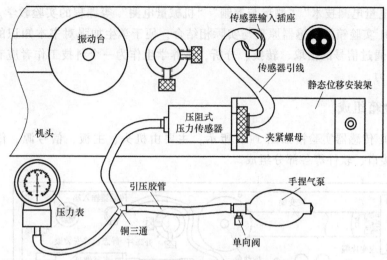

图 1-17　压阻式压力传感器测压实验安装图

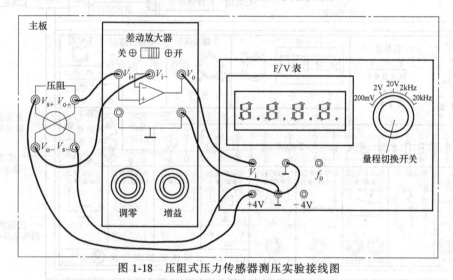

图 1-18　压阻式压力传感器测压实验接线图

（5）重复步骤（4）过程，直到认为已足够精度时调节手捏气泵使压力在（3~19）kPa之间变化，每上升 1kPa 气压分别读取电压表读数，将数值列于表 1-4 中。

表 1-4　压阻式压力传感器测压实验数据

p/kPa								
$V_{\text{o(p-p)}}$								

（6）画出实验曲线，计算本系统的灵敏度和非线性误差。实验完毕，关闭所有电源。

1.6　CSY-XS-01 传感器系统实验箱说明

1.6.1　实验箱简介

CSY-XS-01 传感器系统实验箱主要用于各大、中专院校开设的"传感器原理""自动检测技术""非电量电测技术""测量与控制"机械量电测" 等课程的实验教学。

　　CSY-XS-01 实验箱的传感器原理与实际相结合，便于学生加强对书本知识的理解，并在实验过程中，通过信号的拾取、转换、分析，培养学生作为一个科技工作者应有的基本操作技能与动手能力。

1.6.2　实验箱组成

　　CSY-XS-01 传感器实验箱如图 1-19 所示，主要由机头、主板、信号源、传感器、数据采集卡、PC 接口、软件等各部分组成。

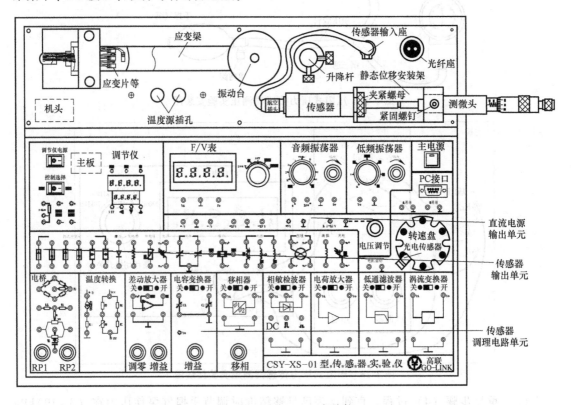

图 1-19　CSY-XS-01 实验箱

　　（1）机头：由应变梁（含应变片、PN 结、NTC RT 热敏电阻、加热器等）、振动源（振动台）、升降调节杆、测微头和传感器的安装架（静态位移安装架）、传感器输入插座、光纤座及温度源插孔等组成。

　　（2）主板：由八大单元电路组成，包括智能调节仪单元、频率/电压显示（F/V 表）单元、音频振荡器（1~10kHz 可调）和低频振荡器（1~30Hz 可调）单元、直流稳压电源输出单元（提供高稳定的±15V、+5V、±4V、+1.2~+12V 可调等）、数据采集和 RS232 PC 接口单元、传感器输出单元、转动源单元、各种传感器的调理电路单元。

　　（3）信号源：温度源（<150℃，可调）、振动源（1~30Hz）、转动源（0~2400r/min）。

　　（4）传感器：包含电阻应变式传感器、差动变压器和电容式传感器等 18 种传感器，部分传感器参数如表 1-5 所示。

表 1-5 实验箱所含部分传感器

序 号	传感器名称	量 程	线性	备注
1	电阻应变式传感器	0~200g	±1%	全桥
2	扩散硅压力传感器	4~20kPa	±1%	
3	差动变压器	±4mm	±2%	
4	电容式传感器	±2.5mm	±3%	
5	霍尔式位移传感器	±1mm	±3%	
6	霍尔式转速传感器	2400r/min	±0.5%	
7	磁电式传感器	2400r/min	±0.5%	
8	电涡流位移传感器	1mm	±2%	
9	光纤位移传感器	1mm	±5%	
10	光电转速传感器	2400r/min	±0.5%	
11	集成温度传感器	常温~120℃	±4%	
12	Pt100 铂电阻	常温~150℃	±4%	三线制
13	K 型热电偶	常温~150℃	±4%	

1.6.3 实验箱参数

实验箱供电：AC 220V，50Hz，功率 0.2kW。

实验箱尺寸：515mm×420mm×185mm。

第 2 章

位移、振动传感器实验

2.1 电容式传感器位移测量实验

2.1.1 实验目的

（1）通过电容式传感器位移测量实验，掌握电容式传感器的工作原理和测量电路设计方法。

（2）通过实验，培养学生实验设计、实施、调试、测试和数据分析的能力。

2.1.2 基本原理

1. 原理简述

电容式传感器是以各种类型的电容器为传感元件，将被测物理量转换成电容量的变化来实现测量的。电容式传感器的输出是电容的变化量。利用电容 $C = \varepsilon A/d$ 关系式，通过相应的结构和测量电路，可以选择 ε、A、d 三个参数中，保持两个参数不变，而只改变其中一个参数，则可以有测谷物干燥度（ε 变）、测位移（d 变）和测液位（A 变）等多种电容式传感器。电容式传感器极板形状分成平板或圆板形和圆柱（圆筒）形，虽还有球面形和锯齿形等其他形状，但一般很少用。本实验采用的传感器为圆筒式变面积差动结构的电容式位移传感器，差动式一般优于单组（单边）式的传感器，它分辨力高、线性范围宽、稳定性好。

如图 2-1 所示，本实验采用的传感器是由两个圆筒和一个圆柱组成的。设圆筒的半径为 R，圆柱的半径为 r，圆柱的长为 x，则电容量为 $C = 2\pi\varepsilon x/\ln(R/r)$。图 2-1 中 C_1、C_2 是差动连接，当圆柱产生 ΔX 位移时，电容量的变化量为 $\Delta C = C_1 - C_2 = 2\pi\varepsilon \times 2\Delta X/\ln(R/r)$，式中 $2\pi\varepsilon$、$\ln(R/r)$ 为常数，说明 ΔC 与 ΔX 位移成正比，配上配套测量电路就能测量位移了。

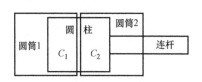

图 2-1　实验电容式传感器结构

2. 测量电路（电容变换器）

测量电路如图 2-2 所示，其核心部分是图 2-3 所示的电路。

在图 2-3 中，环形充放电电路由二极管 VD3 ~ VD6、电容 C_5、电感 L_1 和实验差动电容 C_{X1}、C_{X2} 组成。

当高频（$f > 100\text{kHz}$）激励电压输入到 a 点，由低电平 E_1 跃到高电平 E_2 时，电容 C_{X1} 和 C_{X2} 两端电压均由 E_1 充到 E_2。充电电荷一路由 a 点经 VD3 到 b 点，再对 C_{X1} 充电到 O 点

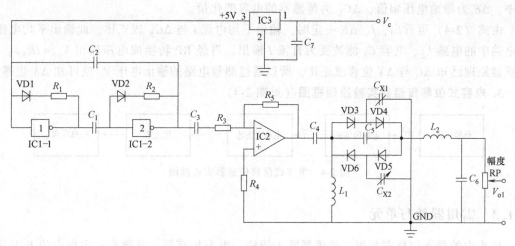

图 2-2 电容测量电路

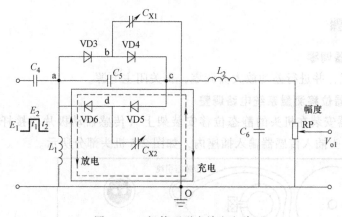

图 2-3 二极管环形充放电电路

（地）；另一路由 a 点经 C_5 到 c 点，再经 VD5 到 d 点对 C_{X2} 充电到 O 点。此时，VD4 和 VD6 由于反偏置而截止。在 t_1 充电时间内，由 a 点到 c 点的电荷量为

$$Q_1 = C_{X2}(E_2 - E_1) \tag{2-1}$$

当高频激励电压由高电平 E_2 返回到低电平 E_1 时，电容 C_{X1} 和 C_{X2} 均放电。C_{X1} 经 b 点、VD4、c 点、C_5、a 点、L_1 放电到 O 点；C_{X2} 经 d 点、VD6、L_1 放电到 O 点。在 t_2 放电时间内，由 c 点到 a 点的电荷量为

$$Q_2 = C_{X1}(E_2 - E_1) \tag{2-2}$$

当然，式（2-1）和式（2-2）是在 C_5 电容值远远大于传感器的 C_{X1} 和 C_{X2} 电容值的前提下得到的结果。电容 C_5 的充放电回路由图 2-3 中实线、虚线箭头所示。

在一个充放电周期（$T = t_1 + t_2$）内，由 c 点到 a 点的电荷量为

$$Q = Q_2 - Q_1 = (C_{X1} - C_{X2})(E_2 - E_1) = \Delta C_X \Delta E \tag{2-3}$$

式中，C_{X1} 与 C_{X2} 的变化趋势是相反的（差动式）。

设激励电压频率 $f = 1/T$，则流过 ac 支路输出的平均电流 i 为

$$i = fQ = f\Delta C_X \Delta E \tag{2-4}$$

式中，ΔE 为激励电压幅值；ΔC_X 为传感器的电容变化量。

由式（2-4）可看出，f、ΔE 一定时，输出平均电流 i 与 ΔC_X 成正比。此输出平均电流 i 经电路中的电感 L_2、电容 C_6 滤波变为直流 I 输出，再经 RP 转换成电压输出 $V_{o1} = IR_{RP}$。由传感器原理已知 ΔC 与 ΔX 位移成正比，所以通过测量电路的输出电压 V_{o1} 就可知 ΔX 位移。

3. 电容式位移传感器实验原理框图（见图 2-4）

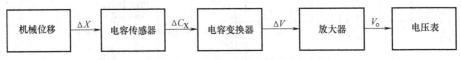

图 2-4 电容式位移传感器实验框图

2.1.3 需用器件与单元

机头中的静态位移安装架、传感器输入插座、电容传感器、测微头；主板中的 F/V 表、电容、电容变换器、差动放大器。

2.1.4 实验步骤

1. 差动放大器调零

按图 1-6 接线，并进行差动放大器调零，再关闭主电源。

2. 电容传感器位移测量系统电路调整

将电容传感器安装在机头的静态位移安装架上（传感器动极片连接杆的标记刻线朝上方），并将引线插头插入传感器输入插座内，如图 2-5 机头部分所示。

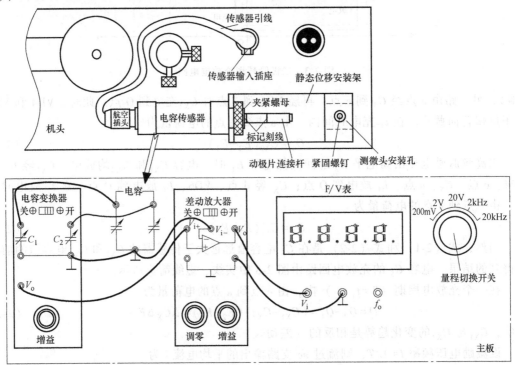

图 2-5 电容传感器位移测量系统电路调整安装、接线图

再按图 2-5 主板部分的接线示意图接线，将 F/V 表的量程切换开关切换到 20V 档，检查接线无误后合上主电源开关，将电容变换器的拨动开关拨到"开"位置，并将电容变换器的增益旋钮顺时针方向慢慢转到底再反方向回转半圈。

拉出（向右慢慢拉）传感器动极片连接杆，使连接杆上的第 2 根标记刻线与夹紧螺母处的端口并齐，调节差动放大器的增益旋钮使电压表显示绝对值为 1V 左右；推进（向左慢慢推）传感器动极片连接杆，使连接杆上的第 1 根标记刻线与夹紧螺母处的端口并齐，调节差动放大器的调零旋钮（0 电平迁移）使电压表反方向显示值为 1V 左右。重复这一过程，最终使传感器的两条标记刻线（传感器的位移行程范围）对应于差动放大器的输出为 ±1V 左右。

3. 安装测微头

首先调节测微头的微分筒，使微分筒的 0 刻度线对准轴套的 20mm 处，再将测微头的安装套插入静态位移安装架的测微头安装孔内，并使测微头测杆与传感器的动极片连接杆吸合；然后移动测微头的安装套，使传感器动极片连杆上的第 2 根标记刻线与传感器夹紧螺母端口并齐后拧紧测微头安装孔上的紧固螺钉，如图 2-6 机头部分所示。

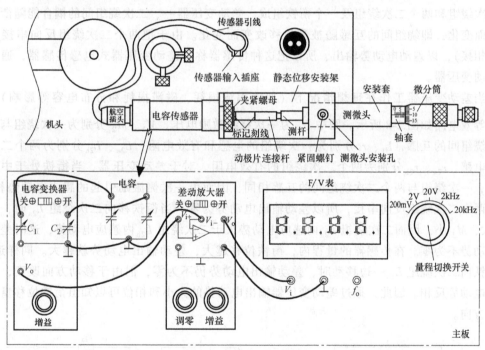

图 2-6 测微头的安装图

4. 传感器位移特性实验

安装好测微头后（测微头的微分筒 0 刻度线对准轴套的 20mm 处），读取电压表显示的电压值为起始点，再仔细慢慢顺时针转动测微头的微分筒一圈 $\Delta X = 0.5$mm（不能转动过量，否则回转会引起机械回程差），从 F/V 表上读出输出电压值，填入表 2-1，直到传感器连杆上的第 1 根标记刻线与传感器夹紧螺母端口并齐为止。

表 2-1 电容传感器测位移实验数据

$\Delta X/$mm								
$V/$V								

5. 实验数据分析

根据表 2-1 数据作出 ΔX-V 实验曲线，在实验曲线上截取线性比较好的线段作为测量范围，并计算灵敏度 $S = \Delta V / \Delta X$ 与线性度。实验完毕，关闭所有电源开关。

2.2 差动变压器的性能实验与振动测量

2.2.1 实验目的

（1）通过对差动变压器工作原理和特性的学习，掌握差动变压器测量振动的方法。

（2）通过实验，培养学生实验设计、实施、调试、测试和数据分析的能力。

2.2.2 基本原理

差动变压器的工作原理类似变压器的作用原理。差动变压器的结构如图 2-7 所示，由一个一次绕组和两个二次绕组及一个衔铁组成。差动变压器一、二次绕组间的耦合能随衔铁的移动而变化，即绕组间的互感随被测位移改变而变化。由于把两个二次绕组反向串接（同名端相接），以差动电动势输出，所以把这种传感器称为差动变压器式电感传感器，通常简称差动变压器。

当差动变压器工作在理想情况下（忽略涡流损耗、磁滞损耗和分布电容等影响）时，它的等效电路如图 2-8 所示。图中 $\dot{U}_i$ 为一次绕组激励电压，M_1、M_2 分别为一次绕组与两个二次绕组间的互感，L_1、r_1 分别为一次绕组的电感和有效电阻，L_{2a}、L_{2b} 分别为两个二次绕组的电感，r_{2a}、r_{2b} 分别为两个二次绕组的有效电阻。对于差动变压器，当衔铁处于中间位置时，一次绕组与两个二次绕组间的互感相同，因而由一次侧激励引起的感应电动势相同。由于两个二次绕组反向串接，所以差动输出电动势为零。当衔铁移向二次绕组 L_{2a} 时，互感 M_1 大，M_2 小，因而二次绕组 L_{2a} 内感应电动势大于二次绕组 L_{2b} 内感应电动势，这时差动输出电动势不为零。在传感器的量程内，衔铁位移越大，差动输出电动势就越大。同样道理，当衔铁向二次绕组 L_{2b} 一边移动时，差动输出电动势仍不为零，但由于移动方向改变，所以输出电动势反相。因此，通过差动变压器输出电动势的大小和相位可以知道衔铁位移量的大小和方向。

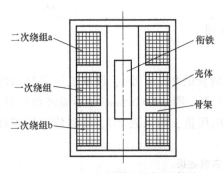

图 2-7 差动变压器的结构示意图

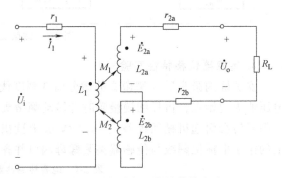

图 2-8 差动变压器的等效电路

由图 2-8 可以看出，一次绕组的电流为

$$\dot{I}_1 = \frac{\dot{U}_i}{r_1 + j\omega L_1}$$

二次绕组的感应电动势为

$$\dot{E}_{2a} = -j\omega M_1 \dot{I}_1 \text{ 和 } \dot{E}_{2b} = -j\omega M_2 \dot{I}_1$$

由于二次绕组反向串接，所以输出总电动势为

$$\dot{U}_o = -j\omega (M_1 - M_2) \frac{\dot{U}_i}{r_1 + j\omega L_1}$$

其有效值为

$$U_o = \frac{\omega (M_1 - M_2) U_i}{\sqrt{r_1^2 + (\omega L_1)^2}} \tag{2-5}$$

差动变压器的输出特性曲线如图 2-9 所示，其中 $\dot{E}_{2a}$、$\dot{E}_{2b}$ 分别为两个二次绕组的输出感应电动势，$\dot{U}_o$ 为差动输出电动势，Δx 为衔铁偏离中心位置的距离。图中实线表示理想的输出特性，而虚线表示实际的输出特性。ΔU_o 为零点残余电动势，这是由于差动变压器制作上的不对称以及铁心位置等因素造成的。零点残余电动势的存在，使得传感器的输出特性在零点附近不灵敏，给测量带来误差，此值的大小是衡量差动变压器性能好坏的重要指标。为了减小零点残余电动势可采取以下方法：

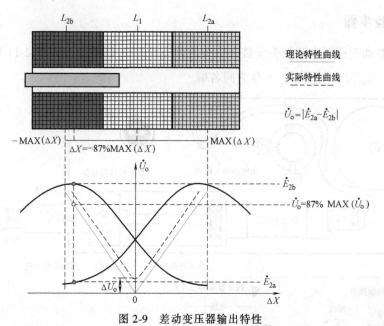

图 2-9 差动变压器输出特性

（1）尽可能保证传感器几何尺寸、线圈电气参数及磁路的对称。磁性材料要经过处理，消除内部的残余应力，使其性能均匀稳定。

（2）选用合适的测量电路，如采用相敏整流电路，既可判别衔铁移动方向又可改善输出特性，减小零点残余电动势。

（3）采用补偿电路减小零点残余电动势。图 2-10 是典型的几种减小零点残余电动势的

补偿电路。在差动变压器的线圈中串联、并联适当数值的电阻和电容元件，当调整 RP1、RP2 时，可使零点残余电动势减小。

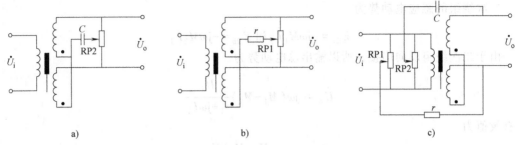

图 2-10　减小零点残余电动势电路

振动测量实验的基本原理：当差动变压器的衔铁连接杆与被测体连接时就能检测到被测体的位移变化或振动。

2.2.3　需用器件与单元

机头静态位移安装架、传感器输入插座、差动变压器、测微头、主板音频振荡器单元、电感单元、机头振动台、升降杆、传感器连接桥架、低频振荡器、激振、电桥、差动放大器、移相器、相敏检波器、低通滤波器、双踪示波器。

2.2.4　实验步骤

（1）将差动变压器和测微头安装在机头的静态位移安装架上，如图 2-11 所示，L_i 为一次线圈，L_{o1}、L_{o2} 为二次线圈，* 号为同名端。

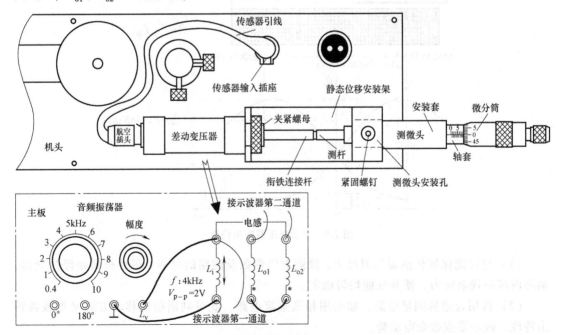

图 2-11　差动变压器性能实验安装、接线示意图

（2）按图 2-11 接线，差动变压器一次线圈 L_i 的激励电压（绝对不能用直流电压激励）必须从主板中音频振荡器的 L_v 端子引入。检查接线无误后合上主电源开关，调节音频振荡器的频率为 $3\sim5$kHz（可输入到频率表 10kHz 档来监测或示波器上读出）的任一值，调节输出幅度峰-峰值为 $V_{p\text{-}p}=2$V（示波器第一通道监测）。

（3）差动变压器的性能实验：使用测微头时，来回调节微分筒使测杆产生位移的过程中本身存在机械回程差，为消除这种机械回程差可用如下两种方法（建议用第二种方法，可以看到死区范围）。

1）调节测微头的微分筒（0.01mm/小格），使微分筒的 0 刻度线对准轴套的 10mm 刻度线。松开安装测微头的紧固螺钉，移动测微头的安装套使示波器第二通道显示的波形 $V_{p\text{-}p}$（峰-峰值）为较小值（越小越好，变压器铁心大约处在中间位置）时，拧紧紧固螺钉。仔细调节测微头的微分筒使示波器第二通道显示的波形 $V_{p\text{-}p}$ 为最小值（零点残余电压）并定为位移的相对零点。这时可假设其中一个方向为正位移，另一个方向为负位移，从 $V_{p\text{-}p}$ 最小处开始旋动测微头的微分筒，每隔 $\Delta X=0.2$mm（可取 30 点值）从示波器上读出输出电压 $V_{p\text{-}p}$ 值，填入表 2-2 中，再将测微头位移退回到 $V_{p\text{-}p}$ 最小处开始反方向（也取 30 点值）做相同的位移实验。

在实验过程中请注意：①从 $V_{p\text{-}p}$ 最小处决定位移方向后，测微头只能按所定方向调节位移，中途不允许回调，否则，由于测微头存在机械回程差而引起位移误差。所以，实验时每点位移量须仔细调节，绝对不能调节过量，如过量则只好剔除这一点粗大误差继续做下一点实验或者回到零点重新做实验。②当一个方向行程实验结束，做另一方向时，测微头回到 $V_{p\text{-}p}$ 最小处，它的位移读数有变化（没有回到原来起始位置）是正常的，做实验时位移取相对变化量 ΔX 为定值，与测微头的起始点定在哪一根刻度线上没有关系，只要中途测微头微分筒不回调就不会引起机械回程差。

2）调节测微头的微分筒（0.01mm/小格），使微分筒的 0 刻度线对准轴套的 10mm 刻度线。松开安装测微头的紧固螺钉，移动测微头的安装套使示波器第二通道显示的波形 $V_{p\text{-}p}$（峰-峰值）为较小值（越小越好，变压器铁心大约处在中间位置）时，拧紧紧固螺钉。再顺时针方向转动测微头的微分筒 12 圈，记录此时的测微头读数和示波器第二通道显示的波形 $V_{p\text{-}p}$（峰-峰值）值为实验起点值。以后，反方向（逆时针方向）调节测微头的微分筒，每隔 $\Delta X=0.2$mm（可取 $60\sim70$ 点值）从示波器上读出输出电压 $V_{p\text{-}p}$ 值，填入表 2-2 中（这样单行程位移方向做实验可以消除测微头的机械回程差）。

（4）根据表 2-2 数据画出 X-$V_{p\text{-}p}$ 曲线，并求出差动变压器的零点残余电压大小。实验完毕，关闭电源。

表 2-2　差动变压器性能实验数据

$\Delta X/\text{mm}$							
$V_{p\text{-}p}/\text{mV}$							

（5）差动变压器振动测量实验：

1）按图 2-12 将差动变压器安装在振动台上：差动变压器卡在传感器连接桥架的 U 形槽上并拧紧差动变压器的夹紧螺母，调整传感器连接桥架使差动变压器的衔铁连杆与振动台相碰（衔铁连杆远离振动台中心点，即衔铁连杆不要与振动台中心点磁钢吸合），并拧紧传感器连接桥架压紧螺母；松开粗调锁紧螺钉，往上提粗调升降杆 20mm 左右（粗调升降杆露出轴套大约 20mm）后锁紧粗调锁紧螺钉；松开细调锁紧螺钉，逆时针转动细调调节螺母使细调升降杆缩进轴套中；将传感器引线插入传感器输入插座中。

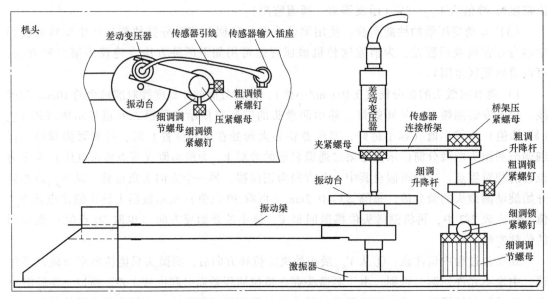

图 2-12　差动变压器振动测量实验安装示意图

2）在主板上找到音频振荡器、低频振荡器、电感、激振、电桥、差动放大器、移相器、相敏检波器、低通滤波器单元并按图 2-13 接线。

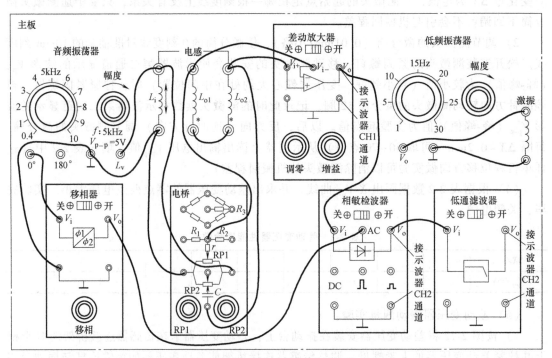

图 2-13　差动变压器振动测量实验接线示意图

3）将音频振荡器和低频振荡器的幅度电位器逆时针轻轻转到底（幅度最小），并调整好有关部分。调整如下：①检查接线无误后，将差动放大器、移相器、相敏检波器、低通滤波器的拨动开关拨到"开"位置，合上主电源开关。用示波器（正确选择双线（双踪）示波器的"触发"方式及其他（TIME/DIV：在 0.5~0.1ms 范围内选择；VOLTS/DIV：在 1~5V 范围内选择）设置）监测音频振荡器 L_V 的频率和幅值，调节音频振荡器的频率、幅度旋钮，使 L_V 输出 4~7kHz、$V_{p-p}=5V$ 的激励电压。②将差动放大器增益旋钮顺时针轻轻转到底，再逆时针回转一圈。用示波器观察相敏检波器输出，调节移相器的移相电位器，使示波器显示的波形为一个全波整流波形。③调节图 2-12 中的细调升降杆（顺时针转动细调调节螺母）的高度，使示波器显示的波形幅值为最小。再仔细调节电桥单元中的 RP1 和 RP2（交替调节），使示波器（相敏检波器输出）显示的波形幅值更小，接近于一平线（相邻波形有高低可调节差动放大器的调零电位器）。

4）将低频振荡器的频率调到 8Hz 左右，调节低频振荡器幅度旋钮，使振动台振动较为明显（如振动不明显再调节频率。注意事项：低频激振器幅值不要过大，以免振动台振幅过大而损坏振动梁的应变片）。用示波器（正确选择双线（双踪）示波器的"触发"方式及其他（TIME/DIV：在 50~20ms 范围内选择；VOLTS/DIV：在 1~0.1V 范围内选择）设置）观察差动放大器（调幅波）、相敏检波器及低通滤波器（传感器信号）输出的波形。

5）分别调节低频振荡器频率和幅度的同时观察低通滤波器（传感器信号）输出波形的周期和幅值。

6）作出差动放大器、相敏检波器、低通滤波器的输出波形。实验完毕，关闭主电源。

2.2.5　思考题

（1）试分析差动变压器与一般电源变压器的异同。

（2）用直流电压激励会损坏传感器，为什么？

（3）如何理解差动变压器的零点残余电压？用什么方法可以减小零点残余电压？

2.3　电涡流传感器特性实验

2.3.1　实验目的

（1）通过电涡流传感器测量位移实验，分析不同的被测体材料对电涡流传感器性能的影响。

（2）分析电涡流传感器位移特性与被测体形状和尺寸的关系。

（3）通过实验，培养学生实验设计、实施、调试、测试和数据分析的能力。

2.3.2　基本原理

电涡流传感器是一种建立在涡流效应原理上的传感器。电涡流传感器由传感器线圈和被测物体（导电体——金属涡流片）组成，如图 2-14 所示。根据电磁感应原理，当传感器线圈（一个扁平线圈）通以交变电流（频率较高，一般为 1~2MHz）$\dot{i}_1$ 时，线圈周围空间会

产生交变磁场 $\dot{H}_1$，当线圈平面靠近某一导体面时，由于线圈磁通链穿过导体，使导体的表面层感应出呈旋涡状自行闭合的电流 $\dot{i}_2$，而 $\dot{i}_2$ 所形成的磁通链又穿过传感器线圈，这样线圈与涡流"线圈"形成了有一定耦合的互感，最终原线圈反馈一等效电感，从而导致传感器线圈的阻抗 Z 发生变化。可以把被测导体上形成的电涡等效成一个短路环，这样就可得到如图 2-15 所示的等效电路。图 2-15 中，R_1、L_1 为传感器线圈的电阻和电感；短路环可以认为是一匝短路线圈，其电阻为 R_2、电感为 L_2；线圈与导体间存在一个互感 M，它随线圈与导体间距的减小而增大。

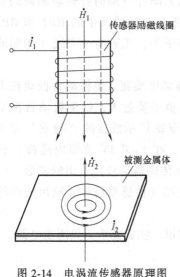

图 2-14　电涡流传感器原理图

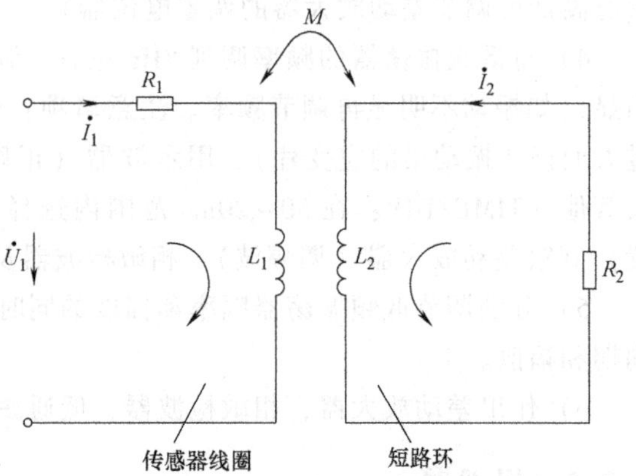

图 2-15　电涡流传感器等效电路

根据等效电路可列出电路方程组：

$$\begin{cases} R_2\dot{I}_2+\mathrm{j}\omega L_2\dot{I}_2-\mathrm{j}\omega M\dot{I}_1=0 \\ R_1\dot{I}_1+\mathrm{j}\omega L_1\dot{I}_1-\mathrm{j}\omega M\dot{I}_2=\dot{U}_1 \end{cases} \tag{2-6}$$

可得线圈的等效电感为

$$L=L_1-L_2\frac{\omega^2M^2}{R_2^2+(\omega L_2)^2} \tag{2-7}$$

线圈的等效品质因数 Q 值为

$$Q=Q_0\left\{\left[1-(L_2\omega^2M^2)/(L_1Z_2^2)\right]/\left[1+(R_2\omega^2M^2)/(R_1Z_2^2)\right]\right\} \tag{2-8}$$

式中，Q_0 为无涡流影响下线圈的 Q 值，$Q_0=\omega L_1/R_1$；Z_2 为金属导体中产生电涡流部分的阻抗，$Z_2^2=R_2^2+\omega^2L_2^2$。

由上述可以看出，线圈与金属导体系统的阻抗 Z、电感 L 和品质因数 Q 值都是该系统互感系数二次方的函数，而从麦克斯韦互感系数的基本公式出发，可得互感系数是线圈与金属导体间距离 $X(H)$ 的非线性函数。因此，Z、L、Q 均是 X 的非线性函数。虽然整个函数是非线性的，其函数特征为 S 形曲线，但可以选取它近似为线性的一段。其实，Z、L、Q 的变化与导体的电导率、磁导率、几何形状、线圈的几何参数、激励电流频率以及线圈到被测导体间的距离有关。如果控制上述参数中的一个参数改变，而其余参数不变，则阻抗就成为这个变化参数的单值函数。当电涡流线圈、金属涡流片以及激励源确定后，并保持环境温度不变，则 Z、L、Q 只与距离 X 有关。于此，通过传感器的调理电路（前置器）处理，将线圈阻抗 Z、L、Q 的变化转化成电压或电流的变化输出。输出信号的大小随探头到被测体表面之间的距离而变化，电涡流传感器就是根据这一原理实现对金属物体的位移、振动等参数的测量的。

为实现电涡流位移测量，必须有一个专用的测量电路。这一测量电路（称为前置器，也称电涡流变换器）应包括具有一定频率的稳定的振荡器和一个检测电路等。电涡流传感器位移测量实验框图如图 2-16 所示。

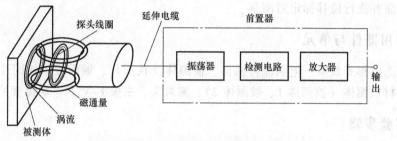

图 2-16　电涡流位移特性实验原理框图

根据电涡流传感器的基本原理，将传感器与被测体间的距离变换为传感器的 Q 值、等效阻抗 Z 和等效电感 L 三个参数，用相应的测量电路（前置器）来测量。

本实验的电涡流变换器为变频调幅式测量电路，电路原理与面板如图 2-17 所示。电路组成：①VT8-1、C_{8-1}、C_{8-2}、C_{8-3} 组成电容三点式振荡器，产生频率为 1MHz 左右的正弦载波信号。电涡流传感器接在振荡回路中，传感器线圈是振荡回路的一个电感元件。振荡器的作用是将位移变化引起的振荡回路的 Q 值变化转换成高频载波信号的幅值变化。②VD8-1、C_{8-5}、L_{8-2}、C_{8-6} 组成了由二极管和 LC 形成的 π 形滤波的检波器。检波器的作用是将高频调幅信号中传感器检测到的低频信号取出来。③VT8-2 组成射极跟随器。射极跟随器的作用是输入、输出匹配以获得尽可能大的不失真输出的幅度值。

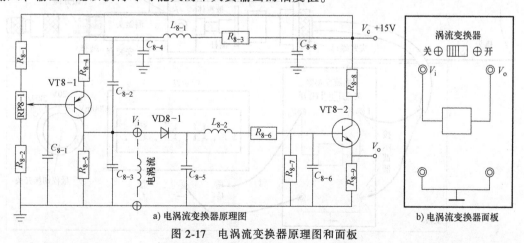

a) 电涡流变换器原理图　　　　　　　　b) 电涡流变换器面板

图 2-17　电涡流变换器原理图和面板

电涡流传感器是通过传感器端部线圈与被测物体（导电体）间的间隙变化来测物体的振动相对位移量和静位移的，它与被测物之间没有直接的机械接触，具有很宽的使用频率范围（0~10Hz）。当无被测导体时，振荡器回路谐振于 f_0，传感器端部线圈 Q 值为定值且最高（即 Q_0），对应的检波输出电压 V_o 最大。当被测导体接近传感器线圈时，线圈 Q 值发生变化，振荡器的谐振频率也发生变化，谐振曲线变得平坦，检波出的幅值 V_o 变小。V_o 变化反映了位移 X 的变化。电涡流传感器在位移、振动、转速、探伤、厚度测量上得到应用。

电涡流传感器在被测体上产生的涡流效应与被测导体本身的电导率和磁导率有关，因此不同的材料就会有不同的性能。

电涡流传感器的位移性能与被测体的形状、大小有很大关系，当被测体面积小于线圈平面时会减弱甚至不产生涡流效应，所以电涡流传感器在实际使用时，被测体面积必须大于传感器线圈平面并进行位移标定后测量。

2.3.3 需用器件与单元

机头静态位移安装架、电涡流传感器、被测体（铁圆片、铜圆片、铝圆片）、端面积不同的两个铝材被测体（被测体1、被测体2）、测微头、主板 F/V 表、涡流变换器、示波器。

2.3.4 实验步骤

（1）观察传感器结构，这是一个平绕线圈。调节测微头初始位置的刻度值为 5mm 处，按图 2-18 安装测微头、被测体、电涡流传感器（注意安装顺序：先将测微头的安装套插入安装架的安装孔内，再将被测体套在测微头的测杆上；其次在安装架上固定好电涡流传感器；最后平移测微头安装套使被测体与传感器端面相贴时拧紧测微头安装孔的紧固螺钉），并按图 2-18 接线。

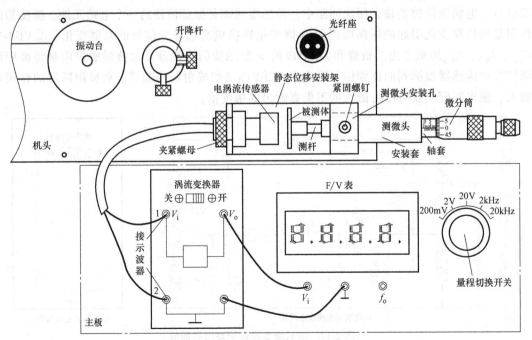

图 2-18 电涡流传感器安装、接线示意图

（2）将电压表（F/V 表）量程切换开关切换到 20V 档，检查接线无误后将涡流变换器

的拨动开关拨到"开"位置，开启主电源开关，记下电压表读数，然后逆时针调节测微头微分筒每隔 0.1mm 读一个数，直到输出 V_o 变化很小为止并将数据列入表 2-3 中。（在输出端可接示波器观测振荡波形）

表 2-3　电涡流传感器位移 X 与输出电压数据

X/mm									
V_o/V									

（3）根据表 2-3 数据画出 V_o-X 曲线，根据曲线找出线性区域试计算灵敏度和线性度（可用最小二乘法或其他拟合直线方法）。实验完毕，关闭所有电源。

（4）将被测体铁圆片换成铜和铝圆片，实验步骤同（1）、（2），并将数据列入表 2-4 和表 2-5 中。

表 2-4　被测体为铜圆片时的位移与输出电压数据

X/mm									
V_o/V									

表 2-5　被测体为铝圆片时的位移与输出电压数据

X/mm									
V_o/V									

（5）根据表 2-3、表 2-4 和表 2-5 的实验数据，在同一坐标上画出 V_o-X 实验曲线进行比较，分别计算灵敏度和线性度。实验完毕，关闭电源。

（6）在测微头的测杆上分别用两个不同面积的被测铝材进行电涡流位移特性测定，实验步骤和（1）、（2）相同，并将数据列入表 2-6 中。

表 2-6　不同面积的被测铝材实验数据

X/mm									
V_o/V（被测体 1）									
V_o/V（被测体 2）									

（7）根据表 2-6 数据在同一坐标上画出 V_o-X 实验曲线，计算两个被测体的灵敏度与相同线性范围内的线性度。实验完毕，关闭电源。

2.4　电涡流和压电式传感器测量振动实验

2.4.1　实验目的

（1）通过电涡流传感器测振动实验，掌握电涡流传感器测振动的原理与方法。

（2）通过压电式传感器测振动实验，掌握压电式传感器测振动的原理与方法。

（3）通过实验，培养学生实验设计、实施、调试、测试和数据分析的能力。

2.4.2 基本原理

根据电涡流传感器位移特性和被测材料选择合适的工作点即可进行振动测量。

压电式传感器是一种典型的发电型传感器，其传感元件是压电材料，它以压电材料的压电效应为转换机理实现力到电量的转换。压电式传感器可以对各种动态力、机械冲击和振动进行测量，在声学、医学、力学、导航方面都得到广泛的应用。

1. 压电效应

具有压电效应的材料称为压电材料。常见的压电材料有两类：压电单晶体，如石英、酒石酸钾钠等；人工多晶体压电陶瓷，如钛酸钡、锆钛酸铅等。

压电材料受到外力作用时，在发生变形的同时内部产生极化现象，其表面会产生符号相反的电荷，当外力去掉时又重新回复到原不带电状态，当作用力的方向改变后电荷的极性也随之改变，如图 2-19a、b、c 所示。这种现象称为压电效应。

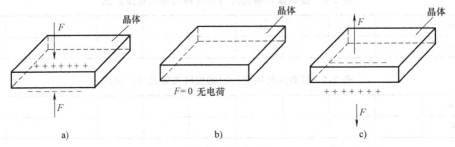

图 2-19 压电效应

2. 压电晶片及其等效电路

多晶体压电陶瓷的灵敏度比压电单晶体要高很多，压电传感器的压电元件是在两个工作面上蒸镀有金属膜的压电晶片，金属膜构成两个电极，如图 2-20a 所示。当压电晶片受到力的作用时，便有电荷聚集在两极上，一面为正电荷，一面为等量的负电荷。这种情况和电容器十分相似，所不同的是晶片表面上的电荷会随着时间的推移逐渐漏掉，因为压电晶片材料的绝缘电阻（也称漏电阻）虽然很大，但毕竟不是无穷大。从信号变换角度来看，压电元件相当于一个电荷发生器；从结构来看，它又是一个电容器。因此通常将压电元件等效为一个电荷源与电容相并联的电路，如图 2-20b 所示，其中 $e_a = Q/C_a$。式中，e_a 为压电晶片受力后所呈现的电压，也称为极板上的开路电压；Q 为压电晶片表面上的电荷；C_a 为压电晶片的电容。

实际的压电传感器中，往往用两片或两片以上的压电晶片进行并联或串联。压电晶片并联时如图 2-20c 所示，两晶片正极集中在中间极板上，负极在两侧的电极上，因而电容量大，输出电荷量大，时间常数大，宜于测量缓变信号并以电荷量作为输出。

压电传感器的输出，理论上应当是压电晶片表面上的电荷 Q。根据图 2-20b 可知，测试中也可取等效电容 C_a 上的电压值作为压电传感器的输出。因此，压电式传感器就有电荷和电压两种输出形式。

3. 压电式加速度传感器

图 2-20d 是压电式加速度传感器的结构图。图 2-20d 中，M 是惯性质量块，K 是压电晶

片。压电式加速度传感器实质上是一个惯性力传感器。在压电晶片 K 上，放有质量块 M（其质量为 m），当壳体随被测振动体一起振动时，作用在压电晶片上的力 $F=ma$，当质量 m 一定时，压电晶片上产生的电荷与加速度 a 成正比。

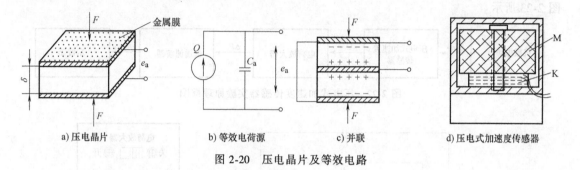

| a) 压电晶片 | b) 等效电荷源 | c) 并联 | d) 压电式加速度传感器 |

图 2-20　压电晶片及等效电路

4. 压电式加速度传感器和放大器等效电路

压电传感器的输出信号很弱小，必须进行放大。压电传感器所配接的放大器有两种结构形式：一种是带电阻反馈的电压放大器，其输出电压与输入电压（即传感器的输出电压）成正比；另一种是带电容反馈的电荷放大器，其输出电压与输入电荷量成正比。压电式传感器和放大器等效电路如图 2-21 所示。

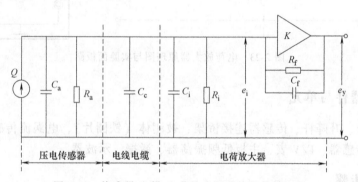

图 2-21　传感器-电缆-电荷放大器系统的等效电路

电压放大器测量系统的输出电压对电缆电容 C_c 敏感。当电缆长度变化时，C_c 就变化，使得放大器输入电压 e_i 变化，系统的电压灵敏度也将发生变化，这就增加了测量的困难。电荷放大器则克服了上述电压放大器的缺点，它是一个高增益带电容反馈的运算放大器。

当略去传感器的漏电阻 R_a 和电荷放大器的输入电阻 R_i 影响时，有

$$Q = e_i(C_a + C_c + C_i) + (e_i - e_y)C_f \tag{2-9}$$

式中，e_i 为放大器输入端电压；e_y 为放大器输出端电压，$e_y = -Ke_i$；K 为电荷放大器开环放大倍数；C_f 为电荷放大器反馈电容。将 $e_y = -Ke_i$ 代入式（2-9），并设 $C = C_a + C_c + C_i$，当放大器的开环增益足够大时，式（2-9）简化为

$$e_y = -Q/C_f \tag{2-10}$$

式（2-10）表明，在一定条件下，电荷放大器的输出电压与传感器的电荷量成正比，而与电缆的分布电容无关，输出灵敏度取决于反馈电容 C_f。所以，电荷放大器的灵敏度调节，都是采用切换运算放大器反馈电容 C_f 的办法。采用电荷放大器时，即使连接电缆长度达百

米以上，其灵敏度也无明显变化，这是电荷放大器的主要优点。

5. 压电式加速度传感器实验原理图

压电式加速度传感器实验原理框图如图 2-22 所示，电荷放大器原理图与实验面板图如图 2-23 所示。

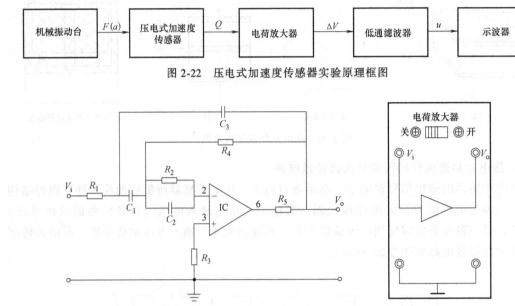

图 2-22　压电式加速度传感器实验原理框图

图 2-23　电荷放大器原理图与实验面板图

2.4.3　需用器件与单元

机头振动台、升降杆、传感器连接桥架、被测体（铁圆片）、电涡流传感器；主板涡流变换器、压电传感器、F/V 表、主板低频振荡器、激振、示波器。

2.4.4　实验步骤

1. 电涡流传感器测振动实验步骤

（1）将被测体（铁圆片）放在振动台的中心点上，按图 2-24 机头部分安装电涡流传感器（传感器对准被测体）并按图 2-24 主板部分接线。

（2）将低频振荡器幅度旋钮逆时针转到底（低频输出幅度为零），F/V 表的量程切换开关切换到 20V 档。检查接线无误后将涡流变换器的拨动开关拨到"开"位置，开启主电源开关。调节升降杆，使 F/V 表显示为 -2.5V 左右即为电涡流传感器的最佳安装高度（传感器与被测体铁圆片静态时的最佳距离）。

（3）调节低频振荡器的频率为 8Hz 左右，再顺时针慢慢调节低频振荡器幅度旋钮，使振动台起振，但振动幅度不要过大（电涡流传感器非接触式测小位移）。用示波器监测涡流变换器的输出波形，再分别改变低频振荡器的振荡频率、幅度，分别观察、体会涡流变换器输出波形的变化。实验完毕，关闭所有电源。

2. 压电式传感器测振动实验步骤

（1）按图 2-25 所示将压电传感器放置在振动台面的中心点上（与振动台面中心的磁钢

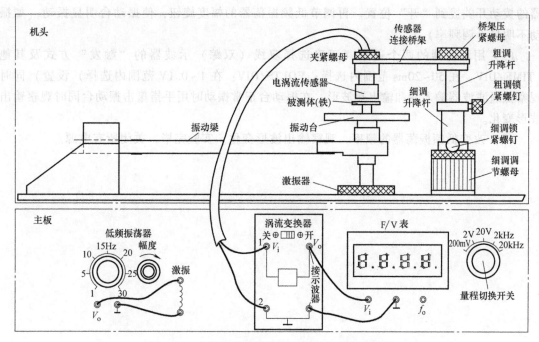

图 2-24　电涡流传感器测振动安装和接线示意图

吸合），并在主板上按图 2-25 示意接线。

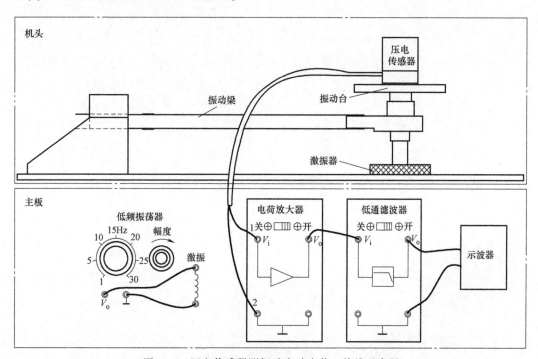

图 2-25　压电传感器测振动实验安装、接线示意图

（2）将主板上的低频振荡器幅度旋钮逆时针转到底（低频输出幅度为零），调节低频振荡器的频率在 6~8Hz 之间。检查接线无误后合上主电源开关，并将电荷放大器、低通滤波

器的拨动开关拨到"开"位置。再调节低频振荡器的幅度旋钮，使振动台明显振动（如振动不明显可调频率）。

（3）用示波器的两个通道（正确选择双线（双踪）示波器的"触发"方式及其他（TIME/DIV：在50~20ms范围内选择；VOLTS/DIV：在1~0.1V范围内选择）设置）同时观察低通滤波器输入端和输出端波形；在振动台正常振动时用手指敲击振动台同时观察输出波形变化。

（4）改变低频振荡器的频率，观察输出波形变化。实验完毕，关闭所有电源。

第 3 章

温度传感器实验

3.1 温度源的温度控制调节实验

3.1.1 实验目的

（1）通过温度源控制调节实验，掌握智能调节仪设置和温度源的使用方法。

（2）通过实验，培养学生实验设计、实施、调试、测试和数据分析的能力。

3.1.2 基本原理

温度源的温度控制原理框图如图 3-1 所示。当温度源的温度发生变化时，温度源中的 Pt100 热电阻（温度传感器）的阻值发生变化，将电阻变化量作为温度的反馈信号输给智能调节仪，经智能调节仪的电阻-电压转换后与温度设定值比较再进行数字 PID 运算，输出调压模块（或固态继电器）触发信号（加热）或继电器触发信号（冷却），使温度源的温度趋近其设定值。

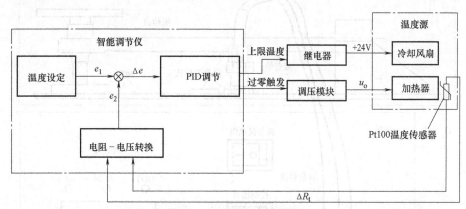

图 3-1　温度控制原理框图

3.1.3 需用器件与单元

机头中温度源、主板中调节仪单元、Pt100 温度传感器。

3.1.4 实验步骤

（1）设置调节仪温度控制参数：按图 3-2 示意接线。检查接线无误后，合上实验箱的主电源开关，将控制选择开关按到"温度"位置后再合上调节仪电源开关，仪表上电后，仪表的上显示窗口（PV）显示随机数或闪动显示"orAL"，下显示窗口（SV）显示控制给定值（实验值）。按 SET 键并保持约 3s，即进入参数设置状态。在参数设置状态下按 SET 键，仪表将按参数代码 1~33 依次在上显示窗显示参数符号，下显示窗显示其参数值，此时分别按◀、▼、▲三键可调整参数值，长按▼键或▲键可快速加或减，调好后按 SET 键确认保存数据，转到下一参数继续调完为止，先按◀（A/M）键不放，接着再按 SET 键，可退出设置参数状态。如果没有按键操作，约 30s 后会自动退出设置参数状态。按◀（A/M）键并保持不放，再按▼键，可返回显示上一参数。如设置中途间隔 10s 未操作，仪表将自动保存数据，退出设置状态。

具体设置温度控制参数的方法步骤如下：

1）首先设置 Sn（输入方式）：按住 SET 键保持约 3s，仪表进入参数设置状态，PV 窗显示 ALM1（上限报警）。再按 SET 键 10 次，PV 窗显示 Sn（输入方式），按▼键、▲键调整参数值，使 SV 窗显示 21。

2）再按 SET 键，PV 窗显示 dP（小数点位置），按▼键、▲键修改参数值，使 SV 窗显示 1。

3）再按 SET 键，PV 窗显示 P-SL（输入下限显示），不按键，SV 窗显示随机值。

4）再按 SET 键，PV 窗显示 P-SH（输入上限显示），不按键，SV 窗显示随机值。

5）再按 SET 键，PV 窗显示 Pb（主输入平移修正），不按键，SV 窗显示 0。

6）再按 SET 键，PV 窗显示 oP-A（输出方式），按▼键、▲键修改参数值，使 SV 窗显示 2。

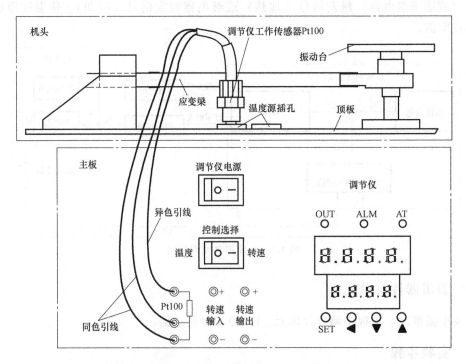

图 3-2 温度源的温度控制调节实验接线示意图

7) 再按 SET 键，PV 窗显示 outL（输出下限），按▼键、▲键修改参数值，使 SV 窗显示 0。

8) 再按 SET 键，PV 窗显示 outH（输出上限），按◀键、▼键或▲键调整参数值，使 SV 窗显示 100。

9) 再按 SET 键，PV 窗显示 AL-P（报警输出定义），按◀键、▼键或▲键调整参数值，使 SV 窗显示 17。

10) 再按 SET 键，PV 窗显示 CooL（系统功能选择），按▼键、▲键修改参数值，使 SV 窗显示 2。

11) 再按 SET 键，PV 窗显示 Addr（通信地址），不按键，SV 窗显示 1。

12) 再按 SET 键，PV 窗显示 bAub（通信波特率），不按键，SV 窗显示 9600。

13) 再按 SET 键，PV 窗显示 FILt（输入数字滤波），按▼键、▲键修改参数值，使 SV 窗显示 1。

14) 再按 SET 键，PV 窗显示 A-M（运行状态），按▼键、▲键修改参数值，使 SV 窗显示 2。

15) 再按 SET 键，PV 窗显示 LocK（参数修改级别），不按键，SV 窗显示 808。

16) 再按 SET 键，PV 窗显示 EP1~EP8（现场参数定义），不修改参数值，按 SET 键 7 下，仪表退出设置状态处于温度显示状态。

17) 按住 SET 键保持约 3s，仪表重新进入参数设置状态，PV 窗显示 ALM1（上限报警），按◀键、▼键或▲键调整参数值，使 SV 窗显示要做的实验温度值（自定义），如 40℃。

18) 再按 SET 键，PV 窗显示 ALM2（下限报警），按◀键、▼键或▲键调整参数值，使 SV 窗显示要做的实验温度值，如 40℃，即 ALM2=ALM1。

19) 再按 SET 键，PV 窗显示 Hy-1（正偏差报警），长按▲键，使 SV 窗显示 9999。

20) 再按 SET 键，PV 窗显示 Hy-2（负偏差报警），长按▲键，使 SV 窗显示 9999。

21) 再按 SET 键，PV 窗显示 Hy（回差），按▼键、▲键修改参数值，使 SV 窗显示 00。

22) 再按 SET 键，PV 窗显示 At（控制方式），按▼、▲键修改参数值，使 SV 窗显示 1。

23) 再按 SET 键，PV 窗显示 I（保持参数），按◀键、▼键或▲键调整参数值，使 SV 窗显示 300（经验参数值）。

24) 再按 SET 键，PV 窗显示 P（速率参数），按◀键、▼键或▲键调整参数值，使 SV 窗显示 350（经验参数值）。

25) 再按 SET 键，PV 窗显示 d（滞后时间），按◀键、▼键或▲键调整参数值，使 SV 窗显示 153（经验参数值）。

26) 再按 SET 键，PV 窗显示 t（输出周期），按▼键、▲键修改参数值，使 SV 窗显示 1。

27) 先按◀（A/M）键不放接着再按 SET 键可退出设置参数状态处于温度显示状态。再先按▼键，接着按◀键、▼键或▲键设置给定值（实验值），使 SV 窗显示 40.0℃。到此，调节仪设置完成已进入自动控制过程，经数次振荡周期调节，温度源在 40℃ 左右波动。时间越久，温度源的温度与给定值 40.0℃ 的偏差越小。

（2）做其他任意一点温度值实验时（实验温度范围：室温<实验温度给定值<120℃），只要重新设置 ALM1（上限报警）= ALM2（下限报警）= 要新做的温度实验值（室温<温度给定值<120℃），其他所有参数不要改动。

设置方法：按住 SET 键保持约 3s，仪表进入参数设置状态，PV 窗显示 ALM1（上限报警），按◄键、▼键或▲键修改参数值，使 SV 窗显示要新做的温度实验值；再按 SET 键，PV 窗显示 ALM2（下限报警），按◄键、▼键或▲键修改参数值，使 SV 窗显示要新做的温度实验值；先按◄（A/M）键不放接着再按 SET 键退出设置参数状态处于温度显示状态；再先按▼键，接着按◄键、▼键或▲键设置要新做的温度实验值（室温<温度给定值<120℃）；到此设置完成，调节仪会将温度源的温度自动调节到新的温度给定值上达到动态平衡。

（3）在给定温度 40.0℃（实验温度 40.0℃）的情况下，按调节仪的 SET 键并保持约 3s，即进入参数设置状态，PV 窗显示 ALM1（上限报警），按◄键、▼键或▲键修改参数值，使 SV 窗显示 40.0℃；再按 SET 键，PV 窗显示 ALM2（下限报警），按◄键、▼键或▲键修改参数值，使 SV 窗显示 40.0℃；再大范围改变控制参数 I 或 P 或 d 的设置值（注：除以上提示的参数外，其他任何参数的设置值不要改动），进行温度控制调节，观察 PV 窗测量值的变化过程，看能否与给定值 40℃平衡（如失控将 I 或 P 或 d 的参数恢复到原来的设置状态）及控制误差大小。这说明了什么问题？将调节仪参数（I、P、d 参数）回复到原来的设置状态，温度源温度回到 40℃左右后关闭调节仪电源，再关闭主电源，实验结束。

3.2　K 型热电偶测温特性实验

3.2.1　实验目的

（1）通过热电偶测温特性实验，掌握热电偶测温原理、方法及应用。
（2）通过实验，培养学生实验设计、实施、调试、测试和数据分析的能力。

3.2.2　基本原理

1821 年德国物理学家塞贝克（T·J·Seebeck）发现和证明了两种不同材料的导体 A 和 B 组成的闭合回路，当两个结点温度不相同时，回路中将产生电动势。这种物理现象称为热电效应（塞贝克效应）。

热电偶测温原理就是利用了热电效应。如图 3-3 所示，热电偶就是将 A 和 B 两种不同金属材料的一端焊接而成的。A 和 B 称为热电极；焊接的一端是接触热场的 T 端，称为工作端或测量端，也称热端；未焊接的一端处在温度 T_0，称为自由端或参考端，也称冷端（接引线即用来连接测量仪表的两根导线 C 是同样的材料，可用与 A 和 B 不同种类的材料）。T 与 T_0 的温差越大，热电偶的输出电动势越高；温差为 0 时，热电偶的输出电动势为 0。因此，可以用测量热电动势大小来衡量温度的高低。

国际上，将热电偶的 A、B 热电极材料分成若干分度号，如常用的 K 型（镍铬-镍硅或镍

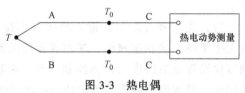

图 3-3　热电偶

铝）热电偶，并且有相应的分度表（见表3-1），即参考端温度为0℃时的测量端温度与热电动势的对应关系表，可以通过测量热电偶输出的热电动势值再查分度表得到相应的温度值。热电偶一般应用在冶金、化工和炼油行业，用于测量、控制较高的温度。

表 3-1　K 型热电偶分度表

分度号：K　　　　　　　　　　　　　　　　　　　　　　　　　　　　　　（参考端温度为0℃）

测量端温度/℃	0	1	2	3	4	5	6	7	8	9
	热电动势/mV									
0	0.000	0.039	0.079	0.119	0.158	0.198	0.238	0.277	0.317	0.357
10	0.397	0.437	0.477	0.517	0.557	0.597	0.637	0.677	0.718	0.758
20	0.798	0.838	0.879	0.919	0.960	1.000	1.041	1.081	1.122	1.162
30	1.203	1.244	1.285	1.325	1.366	1.407	1.448	1.489	1.529	1.570
40	1.611	1.652	1.693	1.734	1.776	1.817	1.858	1.899	1.949	1.981
50	2.022	2.064	2.105	2.146	2.188	2.229	2.270	2.312	2.353	2.394
60	2.436	2.477	2.519	2.560	2.601	2.643	2.684	2.726	2.767	2.809
70	2.850	2.892	2.933	2.975	3.016	3.058	3.100	3.141	3.183	3.224
80	3.266	3.307	3.349	3.390	3.432	3.473	3.515	3.556	3.598	3.639
90	3.681	3.722	3.764	3.805	3.847	3.888	3.930	3.971	4.012	4.054
100	4.095	4.137	4.178	4.219	4.261	4.302	4.343	4.384	4.426	4.467
110	4.508	4.549	4.590	4.632	4.673	4.714	4.755	4.796	4.837	4.878
120	4.919	4.960	5.001	5.042	5.083	5.124	5.164	5.205	5.246	5.287

3.2.3　需用器件与单元

机头温度源、Pt100 热电阻（温度源温度控制传感器）、K 型热电偶（温度特性实验传感器）、主板调节仪单元、F/V 表显示单元、电桥单元、直流稳压电源（1.2~12V 可调电压）单元、差动放大器单元。

3.2.4　实验步骤

热电偶使用说明：热电偶由 A、B 热电极材料及直径（偶丝直径）决定其测温范围，如 K（镍铬-镍硅或镍铝）热电偶，偶丝直径为 3.2mm 时，测温范围为 0~1200℃。本实验用的 K 热电偶偶丝直径为 0.5mm，测温范围为 0~800℃。由于温度源温度<120℃，所以热电偶实际实验测温范围<120℃。

由热电偶的测温原理可知，热电偶测量的是测量端与参考端之间的温度差，在参考端温度为0℃时才真实反映测量端的温度，否则存在着参考端所处环境温度值误差。

热电偶的分度表是定义在热电偶的参考端（冷端）为0℃时热电偶输出的热电动势与热电偶测量端（热端）温度值的对应关系。热电偶测温时要对参考端（冷端）进行修正（补偿），计算公式为

$$E(t,t_0) = E(t,t_0') + E(t_0',t_0)$$

式中，$E(t,t_0)$是热电偶测量端温度为 t，参考端温度为 $t_0=0℃$ 时的热电动势值；$E(t,t_0')$

是热电偶测量端温度为 t，参考端温度为 t_0'（不等于 0℃）时的热电动势值；$E(t_0', t_0)$ 是热电偶测量端温度为 t_0'，参考端温度为 $t_0 = 0℃$ 时的热电动势值。

1. 差动放大器调零

按图 1-6 接线，将 F/V 表的量程切换开关切换到 200mV 档，将差动放大器的拨动开关拨到"开"位置，合上实验箱主电源开关（注：F/V 表数码管亮，但调节仪电源必须关闭即调节仪数码管不亮），将差动放大器的增益电位器按顺时针方向轻轻转到底后再逆向回转半圈，调节调零电位器，使电压表显示电压为 0。差动放大器调零完成后要维持调零电位器位置不变，关闭主电源。

2. 调节差动放大器增益 K 为 50 倍

（1）获取 20mV 信号：将 1.2～12V 可调电源的调节钮逆时针慢悠悠转到底，再按图 3-4 示意接线，将 F/V 表的量程切换开关切换到 200mV 档，检查接线无误后合上主电源开关，将差动放大器的拨动开关拨到"开"位置，调节电桥单元中的电位器 RP1 使 F/V 表显示 20mV。

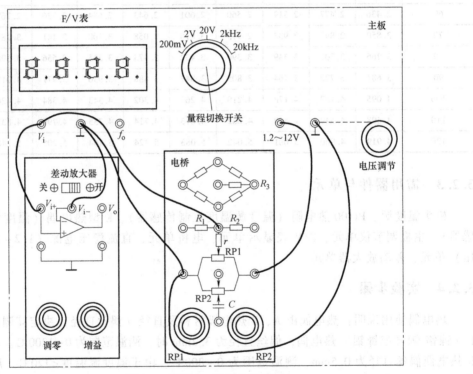

图 3-4　调节 20mV 信号接线图

（2）调节差动放大器增益 $K = 50$ 倍：将图 3-4 中 F/V 表的量程切换开关切换到 2V 档，并将 F/V 表的输入引线改接到差动放大器的输出端 V_o，如图 3-5 所示，再调节差动放大器的增益电位器旋钮（小心：不要误调调零电位器旋钮）使放大器的输出电压为 1.000V 即 $K = 50$ 倍。差动放大器调试完毕（保持放大器的调零、增益电位器旋钮位置处于调节好的状态，不允许动），关闭主电源。

3. 测量室温值 t_0'

按图 3-6 接线（不要用手抓捏 Pt100 热电阻测温端），Pt100 热电阻不要插入温度源中而

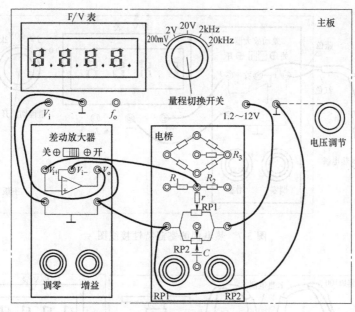

图 3-5　调节差动放大器增益接线图

是放在桌面上。检查接线无误后，将调节仪的控制选择开关打到"温度"位置上，再合上主电源开关和调节仪电源开关，记录下调节仪 PV 窗显示的室温值（上排数码管显示值）t_0'，关闭调节仪电源和主电源开关。将 Pt100 热电阻插入温度源中。

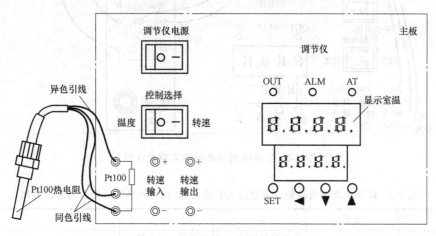

图 3-6　室内环境温度测量接线图

4. 热电偶测室温（无温差）时的输出

按图 3-7 接线（不要用手抓捏 K 热电偶测温端），热电偶放在桌面上。F/V 表的量程切换开关切换到 200mV 档，检查接线无误后，合上主电源开关，1min 左右后，记录 F/V 表显示值 V_o，计算 $V_o/50$，再查表 3-1 得 $\Delta t \approx 0℃$。

5. 热电偶测温特性实验

按图 3-8 接线，合上温度调节仪电源开关，按表 3-2 中的数据设置温度源的实验温度值，并将差动放大器的相应输出值填入表中。

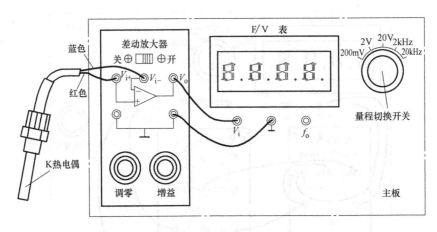

图 3-7　热电偶测室温特性接线图

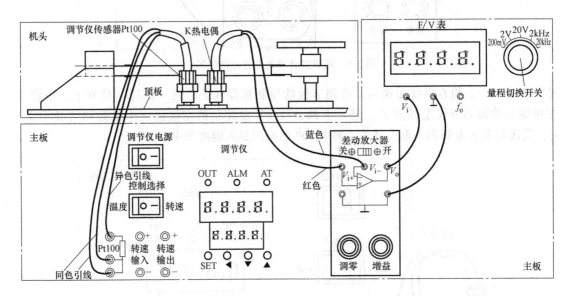

图 3-8　K 热电偶测温特性实验接线图

表 3-2　K 热电偶热电动势（经过放大器放大 50 倍后的热电动势）**与温度数据**

$t/℃$	室温	40	45	⋯	90
V_o/mV				⋯	

6. 计算热电偶的测量值

根据 $E(t,t_0)=E(t,t'_0)+E(t'_0,t_0)=V_o/K$（增益）+ 室温对应的热电动势值（查表 3-1），再根据 $E(t,t_0)$ 的值从表 3-1 中可以查到相应的温度值并与实验给定温度值对照（注：热电偶一般应用于测量比较高的温度，不能只看绝对误差。如绝对误差为 8℃，但它的相对误差即精度 $\Delta\%=\dfrac{8}{800}\times100\%=1\%$）。最后将调节仪实验温度设置到 40℃，待温度源回复到 40℃ 左右后实验结束，关闭所有电源。

3.3 Pt100 铂电阻测温特性实验

3.3.1 实验目的

（1）通过热电阻测量电路实验，掌握 Pt100 热电阻-电压转换方法。

（2）分析 Pt100 热电阻测温特性，掌握热电阻温度传感器的应用。

（3）通过实验，培养学生实验设计、实施、调试、测试和数据分析的能力。

3.3.2 基本原理

利用导体电阻随温度变化的特性，可以制成热电阻温度传感器，要求其材料电阻温度系数大、稳定性好、电阻率高，电阻与温度之间最好有线性关系。常用的热电阻有铂电阻（500℃以内）和铜电阻（150℃以内）。铂电阻是将截面直径为 0.05~0.07mm 的铂丝绕在线圈骨架上封装在玻璃或陶瓷内构成的，铂热电阻结构如图 3-9 所示。在 0~500℃ 以内，它的电阻 R_t 与温度 t 的关系为 $R_t = R_0(1 + At + Bt^2)$，式中 R_0 是温度为 0℃ 时的电阻值（本实验的铂电阻 $R_0 = 100\Omega$），$A = 3.9684 \times 10^{-3}/℃$，$B = -5.847 \times 10^{-7}/℃^2$。

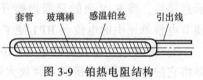

图 3-9　铂热电阻结构

铂电阻一般是三线制，其中一端接一根引线，另一端接两根引线，主要为远距离测量消除引线电阻对桥臂的影响（近距离可用二线制，导线电阻忽略不计）。实际测量时，将铂电阻随温度变化的阻值通过电桥转换成电压的变化量输出，再经差动放大器放大后直接用电压表显示，如图 3-10 所示。

图 3-10 中，$\Delta V = V_1 - V_2$，$V_1 = [R_t/(R_t + R_5)]V_{cc}$，$V_2 = [R_W/(R_W + R_6)]V_{cc}$，$\Delta V = V_1 - V_2 = \{[R_t/(R_t + R_5)] - [R_W/(R_W + R_6)]\}V_{cc}$，所以

$$V_o = K\Delta V = K\{[R_t/(R_t + R_5)] - [R_w/(R_w + R_6)]\}V_{cc}$$

$$(3-1)$$

式（3-1）中，K 是放大器增益倍数，R_t 随温度的变化而变化，其他参数都是常量，所以放大器的输出 V_o 与温度（R_t）有一一对应关系，通过测量 V_o 可计算出 R_t，即

$$R_t = R_5[KR_wV_{cc} + (R_w + R_6)V_o]/[KR_6V_{cc} - (R_w + R_6)V_o]$$

$$(3-2)$$

图 3-10　热电阻信号转换原理图

Pt100 热电阻一般应用在冶金、化工行业及需要温度测量控制的设备上，适用于测量、控制小于 600℃ 的温度。本实验由于受到温度源及安全上的限制，所做的实验温度值小于 100℃。

3.3.3 需用器件与单元

机头温度源、Pt100 热电阻（两只）、主板调节仪单元、电桥单元、温度转换单元、差

动放大器单元、F/V表显示单元、直流稳压电源（+4V、$1.2 \sim 12V$ 可调电压）单元、$4\frac{1}{2}$ 位数显万用表。

温度转换单元：图3-11右边电桥部分是热电阻的温度转换电路，Pt100热电阻接到 R_t 桥臂上，将热电阻的变化量 ΔR_t 经电桥电路转换成电压的变化量 ΔV 输出。

3.3.4 实验步骤

（1）差动放大器调零：按图1-6示意接线。将F/V表的量程切换开关切换到200mV档，将差动放大器的拨动开关拨到"开"位置，合上实验箱主电源开关。将差动放大器的增益电位器按顺时针方向轻轻转到底后再逆向回转半圈，调节调零电位器，使电压表显示为0并维持调零旋钮位置不变，关闭主电源。

（2）确定差动放大器增益 K 为20倍：

1）获取20mV信号：将 $1.2 \sim 12V$ 可调电源的调节钮逆时针慢悠悠转到底，再按图3-12 示意接线，将F/V表的量程切换开关切换到200mV档。检查接线无误后合上主电源开关，调节电桥单元中的电位器RP1使F/V表显示20mV。

2）调节差动放大器增益 $K = 20$ 倍：将图3-12中F/V表的量程切换开关切换到2V档，并将它的输入引线改接到差动放大器的输出端 V_o，如图3-13所示，再调节差动放大器的增益电位器旋钮（小心：不要误碰调零电位器旋钮）使放大器的输出电压为0.400V即 $K = 20$ 倍。差动放大器调试完毕，维持差动放大器的调零、增益旋钮位置不变，关闭主电源。

（3）用万用表200Ω档测量并记录Pt100热电阻在室温时的电阻值（不要用手抓捏传感器测温端，应放在桌面上），三根引线中同色线为热电阻的一端，异色线为热电阻的另一端（估计误差较大，按理应该用惠斯顿电桥测量，实验是为了理解掌握原理，误差稍大也可接受）。

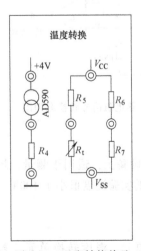

图3-11　温度转换单元

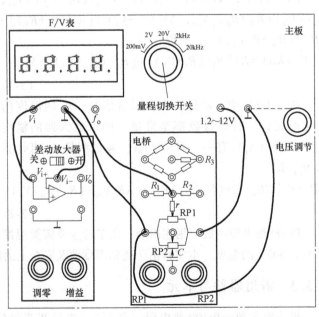

图3-12　调节20mV信号接线图

（4）Pt100 热电阻测量室温时的输出：按图 3-14 示意接线，检查接线无误后合上主电源开关，待 F/V 表显示不再上升处于稳定值时记录室温时的输出。

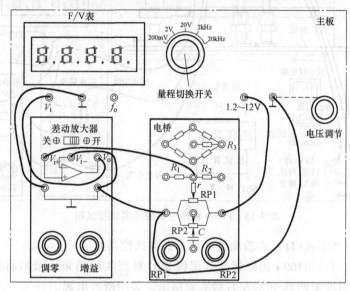

图 3-13　调节差动放大器增益接线图

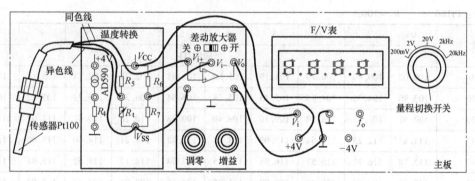

图 3-14　Pt100 铂热电阻测室温实验接线图

（5）将图 3-14 中的实验传感器 Pt100 铂热电阻插入温度源中，并按图 3-15 接线，检查接线无误后，将调节仪的控制选择开关打到"温度"位置上，再合上调节仪电源开关。将温度源调节控制在 40℃，待 F/V 表显示上升到平衡点时记录数据。温度源每增加 $\Delta t = 5℃$（温度源在 40~100℃范围内），待 F/V 表显示上升到平衡点时记录数据并填入表 3-3 中。

表 3-3　Pt100 热电阻测温实验数据

$t/℃$	室温	40	45	...					100
V_o/V				...					
R_t/Ω				...					

（6）表 3-3 中的 R_t 数据值根据 V_o、V_{cc} 值计算：

$$R_t = R_5 \left[KR_7 V_{cc} + (R_7 + R_6) V_o \right] / \left[KR_6 V_{cc} - (R_7 + R_6) V_o \right] \qquad (3-3)$$

式中，$K = 20$；$R_5 = 2000\Omega$；$R_6 = 2000\Omega$；$R_7 = 100\Omega$；$V_{cc} = 4V$；V_o 为测量值。将计算值填入

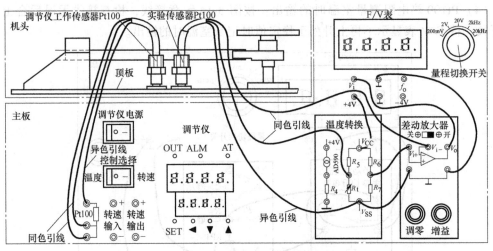

图 3-15　Pt100 铂热电阻测温实验接线图

表 3-3 中，画出 $t(℃)\text{-}R_t(Ω)$ 实验曲线并计算其非线性误差。

（7）根据表 3-4（Pt100-t 国际标准分度值表）对照实验结果。最后将调节仪实验温度设置到 40℃，待温度源回到 40℃ 左右后实验结束，关闭所有电源。

表 3-4　Pt100 铂电阻分度表（$t\text{-}R_t$ 对应值）

分度号：Pt100　　　　$R_0 = 100Ω$

温度/℃	0	1	2	3	4	5	6	7	8	9
	电阻值/Ω									
0	100.00	100.40	100.79	101.19	101.59	101.98	102.38	102.78	103.17	103.57
10	103.96	104.36	104.75	105.15	105.54	105.94	106.33	106.73	107.12	107.52
20	107.91	108.31	108.70	109.10	109.49	109.88	110.28	110.67	111.07	111.46
30	111.85	112.25	112.64	113.03	113.43	113.82	114.21	114.60	115.00	115.39
40	115.78	116.17	116.57	116.96	117.35	117.74	118.13	118.52	118.91	119.31
50	119.70	120.09	120.48	120.87	121.26	121.65	122.04	122.43	122.82	123.21
60	123.60	123.99	124.38	124.77	125.16	125.55	125.94	126.33	126.72	127.10
70	127.49	127.88	128.27	128.66	129.05	129.44	129.82	130.21	130.60	130.99
80	131.37	131.76	132.15	132.54	132.92	133.31	133.70	134.08	134.47	134.86
90	135.24	135.63	136.02	136.40	136.79	137.17	137.56	137.94	138.33	138.72
100	139.10	139.49	139.87	140.26	140.64	141.02	141.41	141.79	142.18	142.66
110	142.95	143.33	143.71	144.10	144.48	144.86	145.25	145.63	146.10	146.40
120	146.78	147.16	147.55	147.93	148.31	148.69	149.07	149.46	149.84	150.22
130	150.60	150.98	151.37	151.75	152.13	152.51	152.89	153.27	153.65	154.03
140	154.41	154.79	155.17	155.55	155.93	156.31	156.69	157.07	157.45	157.83

3.3.5　思考题

实验误差由哪些因素造成？请验证一下：R_t 计算公式中的 R_5、R_6、R_W（它们的阻值在

不接线的情况下用 $4\frac{1}{2}$ 位数显万用表测量）、V_{cc}用实际测量值代入计算是否会减小误差？

3.4 集成温度传感器（AD590）温度特性实验

3.4.1 实验目的

（1）学习常用的集成温度传感器基本原理及性能，掌握 AD590 特性与应用。

（2）通过实验，培养学生实验设计、实施、调试、测试和数据分析的能力。

3.4.2 基本原理

集成温度传感器将温敏晶体管与相应的辅助电路集成在同一芯片上，它能直接给出正比于绝对温度的理想线性输出，一般用于−50～+120℃之间的温度测量。集成温度传感器有电压型和电流型两种。电流输出型集成温度传感器在一定温度下相当于一个恒流源，因此它不易受接触电阻、引线电阻、电压噪声的干扰，具有很好的线性特性。本实验采用的是 AD590 电流型集成温度传感器，其输出电流与绝对温度（T）成正比，其灵敏度为 $1\mu A/K$，所以只要串接一只取样电阻 $R(1k\Omega)$ 即可实现电流 $1\mu A$ 到电压 $1mV$ 的转换，组成最基本的绝对温度（T）测量电路（$1mV/K$）。AD590 工作电源为 DC+4～+30V，它具有良好的互换性和线性。图 3-16 为 AD590 测温特性实验原理图。

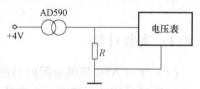

图 3-16　集成温度传器 AD590 测温
特性实验原理图

3.4.3 需用器件与单元

机头温度源、Pt100 热电阻（温度源温度控制传感器）、主板调节仪单元、温度转换单元、F/V 表、集成温度传器 AD590（温度特性实验传感器）。

3.4.4 实验步骤

（1）测量室温值 t：按图 3-17 接线。将 F/V 表的量程切换开关切换到电压 2V 档，检查接线无误后，在调节仪电源关闭情况下（确保是室温）合上主电源开关，记录 F/V 表显示值 $V=273.16+t$，所以 $t=V-273.16$。关闭主电源开关。

（2）集成温度传器 AD590 温度特性实验：将调节仪的控制选择开关打到"温度"位置上，再合上调节仪电源开关。将温度源调节控制在 40℃，待 F/V 表显示上升到平衡点时记录数据。温度源每增加 $\Delta t=5$℃（温度源在 40～100℃范围内），待 F/V 表显示上升到平衡点时记录数据并填入表 3-5 中。

表 3-5　AD590 温度特性实验数据

t/℃												
V/mV												

（3）根据表 3-5 数据值画出实验曲线并计算其非线性误差。实验结束，关闭所有电源。

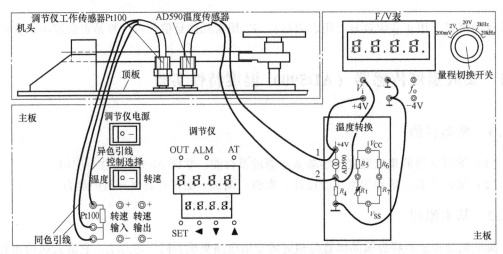

图 3-17　室内环境温度测量接线图

3.5　NTC 热敏电阻温度特性实验

3.5.1　实验目的

（1）学习 NTC 热敏电阻的温度特性，掌握 NTC 热敏电阻的应用。

（2）通过实验，培养学生实验设计、实施、调试、测试和数据分析的能力。

3.5.2　基本原理

热敏电阻的温度系数有正有负，因此分成两类：PTC 热敏电阻（正温度系数：随温度升高电阻值变大）与 NTC 热敏电阻（负温度系数：随温度升高电阻值变小）。一般 NTC 热敏电阻测量范围较宽，主要用于温度测量；而 PTC 突变型热敏电阻的温度范围较窄，一般用于恒温加热控制或温度开关，也用于彩电中作为自动消磁元件，有些功率 PTC 也作为发热元件用，PTC 缓变型热敏电阻可用作温度补偿或温度测量。

一般的 NTC 热敏电阻大都是用 Mn、Co、Ni、Fe 等过渡金属氧化物按一定比例混合，采用陶瓷工艺制备而成的，它们具有 P 型半导体的特性。热敏电阻具有体积小、质量轻、热惯性小、工作寿命长、价格便宜等优点，并且本身阻值大，不需考虑引线长度带来的误差，适用于远距离传输。但热敏电阻也有非线性大、稳定性差、元件易老化、误差较大、离散性大（互换性不好）等缺点，一般适用于 $-50 \sim 300\text{℃}$ 的低精度温度测量及温度补偿、温度控制等电路中。NTC 热敏电阻 RT 温度特性实验原理如图 3-18 所示，恒压电源供电 $V_s = 2\text{V}$，R_{RP2L} 为采样电阻（可调节）。计算公式：$V_i = [R_{RP2L}/(R_{RT}+R_{RP2})]V_s$，式中 $V_s = 2\text{V}$，R_{RT} 为热敏电阻阻值，R_{RP2L} 为 RP2 活动触点到地的阻值作为采样电阻。

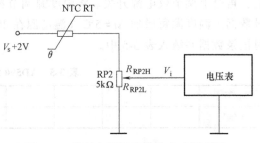

图 3-18　热敏电阻温度特性实验原理图

3.5.3　需用器件与单元

机头应变梁中的热敏电阻、加热器；主板中的 F/V 表、−15V 稳压电源、1.2～12V 可调电源、加热器、RT 热敏电阻、电桥、数显万用表。

3.5.4　实验步骤

（1）用数显万用表的 20kΩ 电阻档测一下 RT 热敏电阻在室温时的阻值。RT 是一个黑色（或蓝色或棕色）圆珠状元件，透明地封装在应变梁上梁的上表面，加热器的阻值为 100Ω 左右封装在双平行应变梁的上下梁之间，如图 3-19 所示。

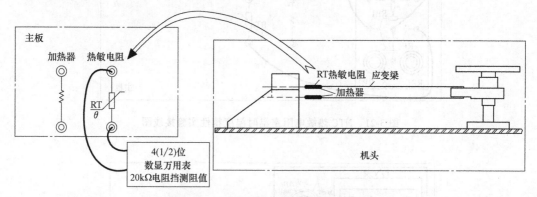

图 3-19　RT 热电阻室温阻值测量示意图

（2）按图 3-20 示意接线，将 F/V 表的量程切换开关置 20V 档，检查接线无误后合上主电源开关，调节 1.2～12V 可调电源使 F/V 表显示为 2V 作为 V_s 备用，关闭主电源。

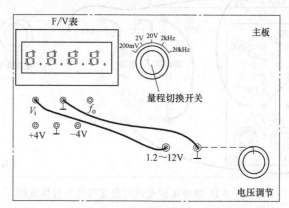

图 3-20　调节 1.2～12V 可调电源为 2V 接线示意图

（3）按图 3-21 接线，将 F/V 表的量程切换开关置 2V 档，检查接线无误后合上主电源开关，调节 RP2 使 F/V 表显示为 100mV。

（4）将加热器接到 −15V 稳压电源上，如图 3-22 所示，观察 F/V 表的显示变化（5～6min）。再将加热器电源去掉，如图 3-21 所示，再观察 F/V 表的显示变化。

由此可见，当温度升高____时，RT 阻值_____，V_i _____；当温度下降____时，RT 阻值_____，V_i _____。实验完毕，关闭所有电源。

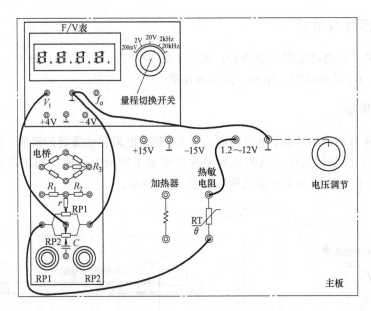

图 3-21　NTC 热敏电阻室温时温度特性实验接线图

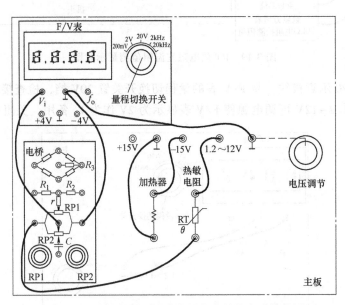

图 3-22　NTC 热敏电阻受热时温度特性实验接线图

3.6　PN 结温度传感器温度特性实验

3.6.1　实验目的

（1）学习 PN 结温度传感器的温度特性，掌握 PN 结温度传感器的应用。

（2）通过实验，培养学生实验设计、实施、调试、测试和数据分析的能力。

3.6.2 基本原理

晶体二极管、三极管的 PN 结正向电压是随温度变化而变化的，利用 PN 结的这个温度特性可制成 PN 结温度传感器。目前用于制造温敏二极管的材料主要有锗、硅、砷化镓、碳化硅等。对于硅二极管，当电流保持不变时，温度每升高 1℃，正向电压下降约 2mV，其温度系数为 −2mV/℃。它具有线性好、时间常数小（0.2~2s）、灵敏度高等优点，测温范围为 −50~+120℃。其不足之处是离散性较大，互换性较差。PN 结测温实验原理图如图 3-23所示。

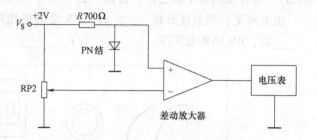

图 3-23　PN 结测温特性实验原理图

3.6.3 需用器件与单元

机头应变梁中的 PN 结（硅二极管）、加热器；主板中的 F/V 表、−15V 直流稳压电源、1.2~12V 可调电源、加热器、PN 结、电桥、差动放大器、数显万用表。

3.6.4 实验步骤

（1）用数显万用表（二极管档）根据图 3-24 测量 PN 结传感器各引线之间的关系并判断结构。

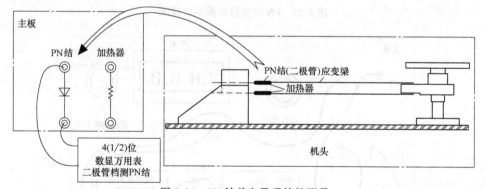

图 3-24　PN 结单向导通特性测量

（2）按图 3-20 示意接线，将 F/V 表的量程切换开关置 20V 档，检查接线无误后合上主电源开关，调节 1.2~12V 可调电源使 F/V 表显示为 2V 作为 PN 的工作电压 V_s 备用，关闭主电源。

（3）差动放大器调零：在主板上按图 1-6 示意接线，将 F/V 表的量程切换开关切换到200mV 档，将差动放大器的拨动开关拨到"开"位置，合上主电源开关。将差动放大器的增益电位器按顺时针方向轻轻转到底后再逆向回转 1 圈，调节调零电位器，使 F/V 表显示电压为 0，关闭主电源。

（4）PN 结室温时调零：按图 3-25 接线，将 F/V 表的量程切换开关置 2V 档，检查接线无误后合上主电源开关，调节 RP2 使 F/V 表显示为 0（0V 左右）。

（5）将加热器接到 −15V 稳压电源上，如图 3-26 所示，观察 F/V 表的显示变化（5 ~ 6min）。再将加热器电源去掉，如图 3-25 所示，再观察 F/V 表的显示变化。

由此可见，当温度升高_____时，PN 结的电压降_____，V_i _____；当温度下降_____时，PN 结的电压降_____，V_i _____。实验完毕，关闭所有电源。

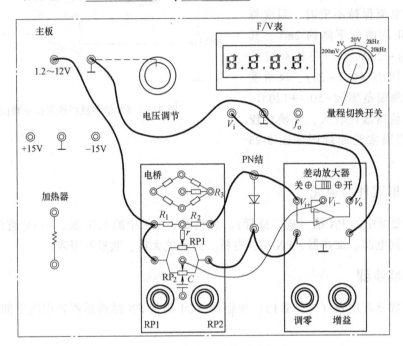

图 3-25　PN 结室温时调零接线图

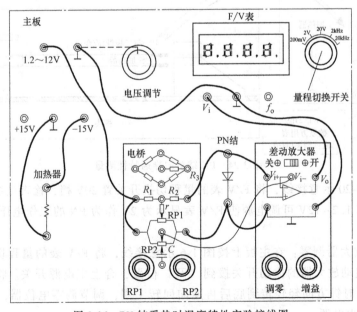

图 3-26　PN 结受热时温度特性实验接线图

第4章

磁敏、气敏和湿敏传感器实验

4.1 线性霍尔式传感器位移特性实验

4.1.1 实验目的

（1）通过线性霍尔式传感器位移特性实验，掌握霍尔式传感器的工作原理与应用。

（2）通过实验，培养学生实验设计、实施、调试、测试和数据分析的能力。

4.1.2 基本原理

霍尔式传感器是一种磁敏传感器，基于霍尔效应原理工作，它将被测量的磁场变化（或以磁场为媒体）转换成电动势输出。如图 4-1（带正电的载流子）所示，把一块宽为 b，厚为 d 的导电板放在磁感应强度为 B 的磁场中，并在导电板中通以纵向电流 I，此时在板的横向两侧面 A、A' 之间就呈现出一定的电势差，这一现象称为霍尔效应（霍尔效应可以用洛伦兹力来解释），所产生的电势差 U_H 称霍尔电压。

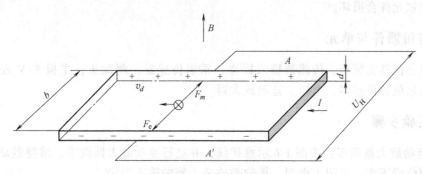

图 4-1 霍尔效应原理

霍尔效应的数学表达式为

$$U_H = R_H \frac{IB}{d} = K_H IB \tag{4-1}$$

式中，R_H 称为霍尔系数，是由半导体本身载流子迁移率决定的物理常数，$R_H = -1/(ne)$（n 为载流子浓度，e 为单个电子的电荷量）；K_H 是灵敏度，与材料的物理性质和几何尺寸有关，$K_H = R_H/d$。

具有上述霍尔效应的元件称为霍尔元件，霍尔元件大多采用 N 型半导体材料（金属材

料中自由电子浓度 n 很高，因此 R_H 很小，使输出 U_H 极小，不宜作为霍尔元件），厚度 d 只有 $1\mu m$ 左右。

霍尔传感器有霍尔元件和集成霍尔传感器两种类型。集成霍尔传感器是把霍尔元件、放大器等做在一个芯片上的集成电路型结构，与霍尔元件相比，它具有微型化、灵敏度高、可靠性高、寿命长、功耗低、负载能力强以及使用方便等优点。

本实验采用的霍尔式位移（小位移 $1\sim2mm$）传感器是由线性霍尔元件、永久磁钢组成的，其他很多物理量如力、压力、机械振动等本质上都可转变成位移的变化来测量。霍尔式位移传感器的工作原理和实验电路原理如图 4-2a、b 所示。将磁场强度相同的两块永久磁钢同极性相对放置着，线性霍尔元件置于两块磁钢间的中点，其磁感应强度 $B=0$。设这个位置为位移的零点，即 $X=0$，因磁感应强度 $B=0$，故输出电压 $U_H=0$。当霍尔元件沿 X 轴有位移时，由于 $B\neq0$，则有一电压 U_H 输出，U_H 经差动放大器放大输出为 V，V 与 X 有一一对应的特性关系。

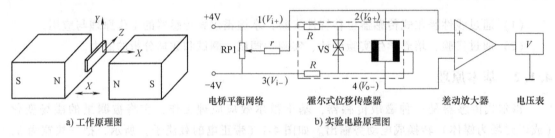

a) 工作原理图 b) 实验电路原理图

图 4-2 霍尔式位移传感器工作原理和实验电路原理图

＊注意：线性霍尔元件有四个引线端，涂黑二端 1（V_{s+}）、3（V_{s-}）是电源输入激励端，另外两个 2（V_{o+}）、4（V_{o-}）是输出端。接线时，电源输入激励端与输出端千万不能颠倒，否则霍尔元件会损坏。

4.1.3 需用器件与单元

机头静态位移安装架、传感器输入插座、霍尔传感器、测微头；主板 F/V 表、±4V 直流电源、霍尔位移传感器、电桥、差动放大器。

4.1.4 实验步骤

（1）差动放大器调零：按图 1-6 示意接线，并进行差动放大器调零。维持差动放大器调零电位器的位置不变，关闭主电源，拆除差动放大器的输入引线。

（2）调节测微头的微分筒（0.01mm/小格），使微分筒的 0 刻度线对准轴套的 10mm 刻度线。按图 4-3 在机头上安装传感器与测微头并根据示意图接线。检查接线无误后，开启主电源。

（3）松开安装测微头的紧固螺钉，移动测微头的安装套，使 PCB（霍尔元件）处在两圆形磁钢的中点位置（目测）时，拧紧紧固螺钉。仔细调节电桥单元中的电位器 RP1，使电压表显示 0。

（4）使用测微头时，来回调节微分筒使测杆产生位移的过程中本身存在机械回程差，为消除这种机械回程差可用单行程位移方法实验：顺时针调节测微头的微分筒 3 周，记录电压表读数（在 1.6~1.8V 之间）作为位移起点，以后反方向（逆时针方向）调节测微头的微分筒（0.01mm/小格），每隔 $\Delta X = 0.1$mm（总位移可取 3~4mm）从电压表上读出输出电压 V_o 值，填入表 4-1。

表 4-1　霍尔传感器（直流激励）位移实验数据

X/mm										
V_o/V										

（5）根据表 4-1 实验数据作出 V_o-X 特性曲线，分析曲线计算不同测量范围（±0.5mm、±1mm、±2mm）时的灵敏度和非线性误差。实验完毕，关闭电源。

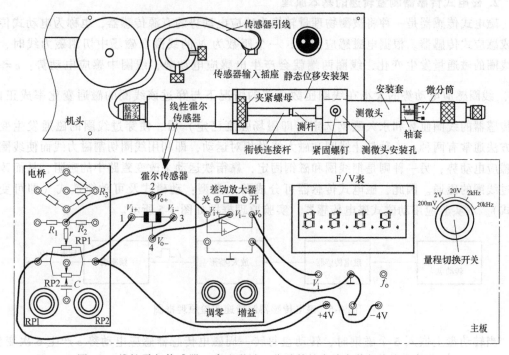

图 4-3　线性霍尔传感器（直流激励）位移特性实验安装与接线示意图

4.2　霍尔和磁电式传感器测量转速实验

4.2.1　实验目的

（1）通过开关式霍尔传感器测转速实验，掌握霍尔传感器测转速的工作原理和方法。

（2）通过磁电式传感器测转速实验，掌握磁电式传感器测转速的工作原理和方法。

（3）通过实验，培养学生实验设计、实施、调试、测试和数据分析的能力。

4.2.2　基本原理

1. 开关式霍尔传感器测量转速的基本原理

开关式霍尔传感器是线性霍尔元件的输出信号经放大器放大，再经施密特电路整形成矩形波（开关信号）输出的传感器。开关式霍尔传感器测转速的原理框图如图4-4所示。

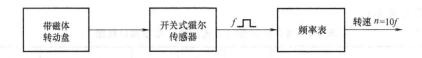

图 4-4 开关式霍尔传感器测转速原理框图

当被测圆盘上装有6只磁性体时，圆盘每转一周磁场就变化6次，开关式霍尔传感器就同频率 f 相应变化输出，再经频率表显示 f，转速 $n = 10f$。

2. 磁电式传感器测量转速的基本原理

磁电式传感器是一种将被测物理量转换为感应电动势的有源传感器，也称为电动式传感器或感应式传感器。根据电磁感应定律，一个匝数为 N 的线圈在磁场中切割磁力线时，穿过线圈的磁通量发生变化，线圈两端就会产生出感应电动势，线圈中感应电动势：$e = -N \dfrac{\mathrm{d}\Phi}{\mathrm{d}t}$。线圈感应电动势的大小在线圈匝数一定的情况下与穿过该线圈的磁通变化率成正比。当传感器的线圈匝数和永久磁钢选定（即磁场强度已定）后，使穿过线圈的磁通发生变化的方法通常有两种：一种是让线圈和磁力线做相对运动，即利用线圈切割磁力线而使线圈产生感应电动势；另一种则是把线圈和磁钢固定，靠衔铁运动来改变磁路中的磁阻，从而改变通过线圈的磁通。因此，磁电式传感器可分成两大类型：动磁式及可动衔铁式（即可变磁阻式）。本实验应用动磁式磁电传感器，实验原理框图如图4-5所示。

图 4-5 磁电传感器测转速实验原理框图

当转动盘上嵌入6个磁钢时，转动盘每转一周磁电传感器感应电动势 e 产生6次变化，感应电动势 e 通过放大、整形由频率表显示 f，转速 $n = 10f$。

4.2.3 需用器件与单元

主板 F/V 表、+5V 直流电源、1.2~12V 电压调节、电机驱动、转速盘；霍尔转速传感器、磁电传感器、传感器安装片、磁性座。

4.2.4 实验步骤

1. 开关式霍尔传感器测量转速实验步骤

（1）霍尔转速传感器安装、接线：将磁性座吸合在转速盘附近的机箱边上，并通过传感器安装片装上霍尔转速传感器，传感器的端面对准转盘上的磁钢并调节升降杆使传感器端面与磁钢之间的间隙为2~3mm。霍尔转速传感器有三根引线，1号线接+5V，2号线接 F/V 表的 V_i，3号线接 F/V 表的地，F/V 表的地与+5V 的地相连，1.2~12V 电压调节与电机驱动相应连接，如图4-6所示。

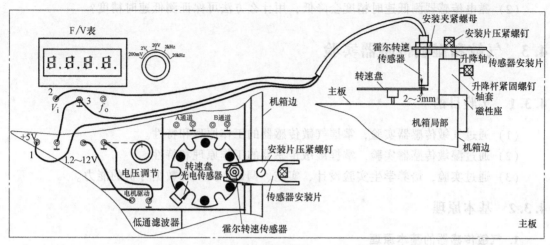

图 4-6　霍尔转速传感器实验安装、接线示意图

（2）转动频率 f 测量：将 F/V 表的量程切换开关切换到频率 2kHz 档，检查接线无误后合上主电源开关，调节 1.2~12V 电压调节旋钮，F/V 表就显示相对应的频率 f。

（3）转速 n 计算：因转速盘上装有 6 只小圆磁钢，所以转速 $n=10f$。根据 F/V 表显示的频率 f 就可计算转速 $n=10f$。实验完毕，关闭主电源。

2. 磁电式传感器测量转速实验步骤

磁电转速传感器测转速实验除了传感器不用接电源外（传感器探头中心与转盘磁钢对准），其他完全与开关式霍尔传感器测量转速实验相同。请按图 4-7 安装传感器和接线，并按开关式霍尔传感器测量转速实验中的实验步骤（2）、（3）进行实验。

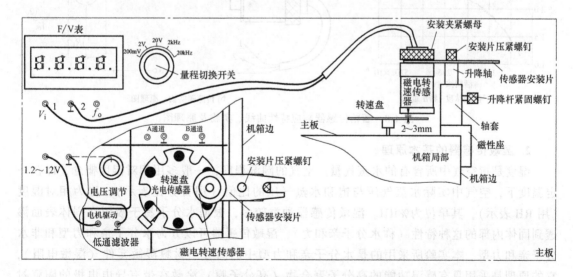

图 4-7　磁电转速传感器实验安装、接线示意图

4.2.5　思考题

（1）利用开关式霍尔传感器测转速有什么前提条件？

（2）磁电传感器测低速时精度会降低，用什么方法可保证测低速时精度？

4.3　气敏和湿敏传感器实验

4.3.1　实验目的

（1）通过气敏传感器实验，掌握气敏传感器的工作原理和特性。
（2）通过湿敏传感器实验，掌握湿敏传感器的工作原理和特性。
（3）通过实验，培养学生实验设计、实施、调试、测试和数据分析的能力。

4.3.2　基本原理

1. 气敏传感器的基本原理

气敏传感器（又称气敏元件）是指能将被测气体浓度转换为与其成一定关系的电量输出的装置或器件。它一般可分为半导体式、接触燃烧式、红外吸收式、热导率变化式等。本实验所采用的 SnO_2（氧化锡）半导体气敏传感器是对酒精敏感的电阻型气敏元件，该敏感元件由纳米级 SnO_2 及适当掺杂混合剂烧结而成，应用电路简单，可将传导性变化改变为一个输出信号，与酒精浓度对应。传感器对酒精浓度的响应特性曲线、实物、原理如图 4-8 所示。

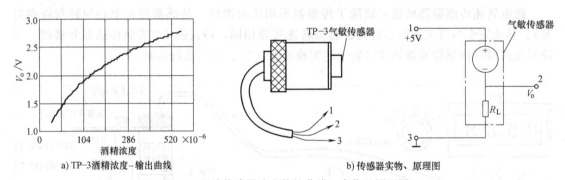

a) TP-3酒精浓度-输出曲线　　　　　　　　　　b) 传感器实物、原理图

图 4-8　酒精传感器响应特性曲线、实物及原理图

2. 湿敏传感器的基本原理

湿度是指空气中所含有的水蒸气量。空气的潮湿程度，一般多用相对湿度概念，即在一定温度下，空气中实际水蒸气压与饱和水蒸气压的比值（用百分比表示），称为相对湿度（用 RH 表示），其单位为%RH。湿敏传感器种类较多，根据水分子易于吸附在固体表面渗透到固体内部的这种特性（称水分子亲和力），湿敏传感器可以分为水分子亲和力型和非水分子亲和力型。本实验所采用的是水分子亲和力型中的高分子材料湿敏元件（湿敏电阻），它的原理是采用具有感湿功能的高分子聚合物（高分子膜）涂敷在带有导电电极的陶瓷衬底上，导电机理为水分子的存在影响高分子膜内部导电离子的迁移率，形成阻抗随相对湿度变化成对数变化的敏感元件。由于湿敏元件阻抗随相对湿度变化成对数变化，一般应用时都经放大转换电路处理将对数变化转换成相应的线性电压信号输出以制成湿度传感器模块形式。湿敏传感器实物、原理框图如图 4-9 所示。当传感器的工作电源为+5V（1±5%）时，相

对湿度与传感器输出电压对应曲线如图 4-10 所示。

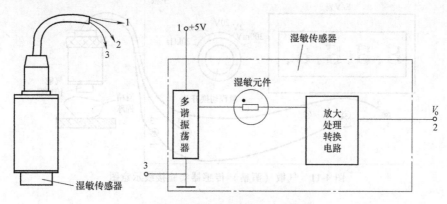

图 4-9　湿敏传感器实物、原理框图

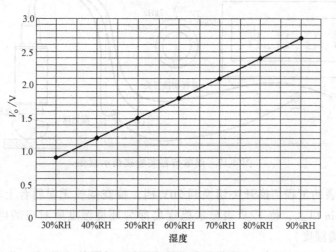

图 4-10　湿度-输出电压曲线

4.3.3　需用器件与单元

主板 F/V 表、+5V 直流电源；气敏传感器、酒精棉球，湿敏传感器、潮湿小棉球。

4.3.4　实验步骤

1. 气敏传感器实验步骤

（1）按图 4-11 示意接线，注意传感器的引线号码。

（2）将 F/V 表的量程切换开关切换到 20V 档，检查接线无误后合上主电源开关，传感器通电较长时间（至少 5min，因传感器长时间不通电的情况下，内阻会很小，上电后 V_o 输出很大，不能即时进入工作状态）后才能工作。

（3）等待传感器输出 V_o 较低（低于 1.5V）时，用自备的酒精小棉球靠近传感器端面，并吹两次气，使酒精挥发进入传感网内，观察电压表读数变化。实验完毕，关闭主电源。

2. 湿敏传感器实验步骤

（1）按图 4-12 示意接线，注意传感器的引线号码。

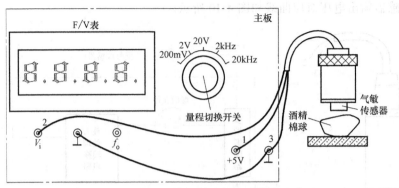

图 4-11 气敏（酒精）传感器实验接线示意图

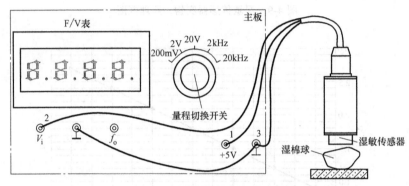

图 4-12 湿敏传器实验接线示意图

（2）将 F/V 表的量程切换开关切换到 20V 档，检查接线无误后合上主电源开关，传感器通电先预热 5min 以上，待 F/V 表显示稳定后即为环境湿度所对应的电压值（查湿度-输出电压曲线得环境湿度）。

（3）将潮湿小棉球近距离（可多准备几个潮湿度不同的小棉球，分别进行实验）放置在传感器的端口，等到 F/V 表显示值稳定后查湿度-输出电压曲线得到相应的湿度。实验完毕，关闭所有电源。

光电传感器实验

5.1 光敏电阻特性参数测量实验

5.1.1 实验目的

（1）通过光敏电阻特性参数测量实验，掌握光敏电阻的工作原理和暗电阻、亮电阻、光照特性等基本参数及其测量方法。

（2）通过实验，培养学生实验设计、实施、调试、测试和数据分析的能力。

5.1.2 需用器件与单元

光电传感器实验平台主机、LED 光源实验装置、光电探测实验装置、发光二极管、光敏电阻、照度计。

5.1.3 实验步骤

1. 元件组装

（1）将光敏电阻牢固地安插在光电探测实验装置上，如图 5-1 所示。将延长接圈拧到装置上，将接圈上的定位块旋转到合适位置，使光敏电阻固定不动且与装置同轴，即完成光敏电阻实验装置的安装。光敏电阻实验装置后面黑色引出线为黑螺钉一侧（负极）插孔引出电极，而红色引出线为靠近白螺钉一侧（正极）插孔引出电极。将光敏电阻实验装置用支撑杆安装在滑上，再用滑块将光敏电阻实验装置固定在导轨上。

（2）将发光二极管（白色）牢固地安插在 LED 光源装置上，二极管的长脚插入白色螺钉一侧的插孔内（正极），短脚插入黑色螺钉一侧的插孔内（负极），如图 5-2 所示。将延长接圈拧到装置上，将接圈上的定位块旋转到合适位置，使 LED 固定不动且与装置同轴，即完成 LED 光源装置的安装。LED 光源装置后面黑色引出线为黑螺钉一侧（负极）插孔引出电极，而红色引出线为靠近白螺钉一侧（正极）插孔引出电极。将 LED 光源装置用支撑杆安装在滑上，再用滑块将光源装置固定在导轨上。

（3）将 LED 光源装置与光敏电阻实验装置相对安装在一起，使 LED 发出的光恰好被光敏电阻所接收，并能够排除外界杂光的干扰为最好，如图 5-3 所示。

（4）将照度计探头用支撑杆安装在滑块上，再用滑块将照度计探头固定在导轨上。

2. 亮电阻的测量

（1）将 LED 实验装置按照图 5-4 搭建 LED 供电电路。LED 后端引出的红线是正极，黑线是负极。具体搭建步骤如下：将直径为 2mm 的连接线一端插入平台左下角的"+5V"电源插孔，另一端插入 51Ω 电阻的一端，51Ω 电阻的另一端接 56kΩ 电位器的滑动端，56kΩ 电位器的固定端接 LED 光源装置引出的红线插头，LED 引出的黑线插头插入 20mA 电流表的正极（红色插孔），电流表负极接平台的"GND"。

图 5-1 光敏电阻安装图

图 5-2 发光二极管安装图

图 5-3 LED 光源装置与光敏电阻实验装置安装图

（2）将光电探测实验装置按照图 5-5 搭建光敏电阻亮电阻测量电路。具体搭建步骤如下：用直径为 2mm 的连接线将平台左下角的"+12V"接到 200mA 电流表的正极，电流表的负极接入光敏电阻装置引出的红色插头，光敏电阻引出的黑色插头插入平台的"GND"，在"+12V"和"GND"之间并联 20V 电压表，即完成测量电路的搭建。

（3）电路连接好后，打开平台电源开关，20V 数字电压表和 200mA 数字电流表将分别测出光敏电阻的电源电压 U_{bb} 值和电流 I_P 值，20mA 数字电流表将测出流过 LED 的电流 I_{LED}。当调整 LED 供电电路中的 56kΩ 电位器时，LED 电流随之改变，光敏电阻的电流 I_P 也随之改变，将光敏电阻移开，把照度计探头与 LED 光源相对安放，测量出此时 LED 的照度。调整电位器几次，多测几组数据，将测出的流过发光二极管的电流 I_{LED}、流过光敏电阻的电流 I_P、LED 的照度值填入表 5-1 内。电源电压 U_{bb} 与流过光敏电阻的电流 I_P 之比即为光敏电阻的亮电阻 R_L，计算出亮电阻的阻值填入表 5-1 内。

表 5-1 光敏电阻亮电阻的测量

测量次数	电源电压 U_{bb}/V	电流 I_{LED}/mA	电流 I_P/mA	照度 E_v/lx	亮电阻 R_L/Ω	测量公式
1	12					
2	12					
3	12					
4	12					$R_L = U_{bb}/I_P$
5	12					
6	12					
7	12					
8	12					

3. 光敏电阻的光照特性

根据表 5-1 中的数据，在直角坐标系中画出 E_v-R_L 关系曲线，即为光敏电阻的光照特性曲线，如图 5-6 所示。

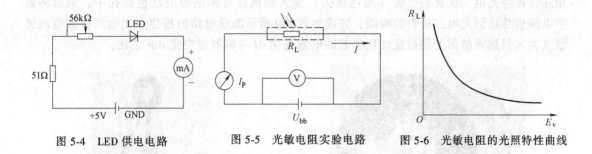

图 5-4　LED 供电电路　　　图 5-5　光敏电阻实验电路　　　图 5-6　光敏电阻的光照特性曲线

5.2　光电二极管特性及光照灵敏度测量实验

5.2.1　实验目的

（1）通过光电二极管特性及光照灵敏度测量实验，掌握光电二极管的暗电流和光照特性、伏安特性及其测量方法。

（2）通过实验，培养学生实验设计、实施、调试、测试和数据分析的能力。

5.2.2　需用器件与单元

光电传感器实验平台主机、LED 光源实验装置、光电探测实验装置、发光二极管、光电二极管、照度计。

5.2.3　实验步骤

1. 光电二极管光照灵敏度测量

（1）元件组装及搭建：

1）LED 光源装置：将发光二极管（白色）牢固地安插在 LED 光源装置上，二极管的长脚插入白色螺钉一侧的插孔内（正极），短脚插入黑色螺钉一侧的插孔内（负极），如图 5-7 所示。将延长接圈拧到装置上，将接圈上的定位块旋转到合适位置，使 LED 固定不动且与装置同轴，即完成 LED 光源装置的安装。光源装置后面黑色引出线为黑螺钉一侧（负极）插孔引出电极，而红色引出线为靠近白螺钉一侧（正极）插孔引出电极。将光源装置用支撑杆安装在滑块上，再用滑块将光源装置固定在导轨上。

2）光电二极管实验装置：将光电二极管牢固安插在光电探测实验装置上，如图 5-8 所示，长脚插入白螺钉一侧的插孔内（P 极），短脚插入黑螺钉一侧的插孔内（N 极），将延长接圈拧到装置上，将接圈上的定位块旋转到合适位置，使光电二极管固定不动且与装置同轴，即完成光电二极管实验装置的安装。光电二极管实验装置后面黑色引出线为黑螺钉一侧（N 极）插孔引出电极，而红色引出线为靠近白螺钉一侧（P 极）插孔引出电极。将光电二极管实验装置用支撑杆安装在滑块上，再用滑块将光电二极管实验装置固定在导轨上。

3）搭建测量电路：将光电二极管实验装置与 LED 光源装置相对安放在平台上，然后将光电二极管实验装置引线的红色插头插到负载电阻 $R_L = 510\Omega$ 的一个插孔中，负载电阻 R_L 的另一个插孔与数字电流表的正极连接，数字电流表的负极与平台右下角的 GND（黑色插孔）

相连，再将光电二极管的负极（黑色插头）插入到低压可调电源的红色插孔中，最后将数字电压表并接到光电二极管的两端，完成如图 5-9 所示测量电路的搭建。光电二极管电流灵敏度为入射到光敏面上辐射量变化引起的电流变化 dI 与辐射量变化 dΦ 之比：

图 5-7　发光二极管安装图

图 5-8　光电二极管安装图

$$S_i = \frac{dI}{d\Phi} = \frac{\eta e \lambda}{hc}(1 - e^{-\alpha d}) \tag{5-1}$$

式中，η 为量子效率；e 为电荷电量；λ 为入射光波长；h 为普朗克常数；c 为光在真空中的速度；α 为吸收系数；d 为吸收层厚度。

（2）暗电流的测量：

1）不点亮 LED 光源，使光电二极管处于暗室之中。

2）打开光电平台开关，即可以直接从数字电流表读取光电二极管的电流。

3）调整低压可调电源的电压，观测数字电流表与数字电压表数值的变化，将电流与电压的数据填入表 5-2 中，在直角坐标系中画出电流与电压的关系曲线，即为被测光电二极管的暗电流特性曲线。

表 5-2　光电二极管暗电流测量

U_{bb}/V	-1	-2	-3	-4	-5	-6	-7	-8
I_P/μA								

（3）光照特性的测量：

1）标定光源：测量完暗电流以后，按照图 5-10 搭建 LED 光源供电电路。然后将平台提供的照度计与 LED 光源相对安装，通过调节 LED 供电电路中的电位器来改变 LED 的电流，将此时 LED 的电流 I_{LED} 值与之对应的光源出口处的照度值填入表 5-3 中。

表 5-3　发光二极管的电流与发出的光照度

光照度 E_v/lx	100	200	300	400	500	600	700	800
电流 I_{LED}/mA								

2）光电二极管光照特性测量实验：标定完成后，将光电二极管实验装置与 LED 光源相对安装，将光电二极管测量电路中的 U_{bb} 改为+12V，然后根据表 5-3 的数据调节 LED 电流，使入射到光电二极管的光照度为表 5-4 中的值，测量出不同光照度下光电二极管的输出电流 I_P，填入表 5-4 中，在直角坐标系中画出 I_P-E_v 关系曲线，即为光电二极管光照特性曲线。

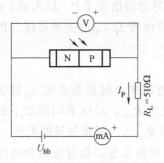

图 5-9 光电二极管测量电路

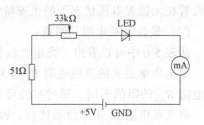

图 5-10 LED 供电电路

表 5-4 光电二极管光照特性测量值

光照度 E_v/lx	100	200	300	400	500	600	700	800
LED 电流 I_{LED}/mA								
电流 I_P/mA								

由光照特性曲线很容易计算出光电二极管的光照灵敏度 S_v：

$$S_v = \frac{\Delta I_P}{\Delta E_v} \tag{5-2}$$

2. 光电二极管伏安特性测量

光电二极管伏安特性曲线由两部分组成：一部分是在无偏置电压状态下，曲线在第四象限；另一部分是在反向偏置电压状态下，曲线在第三象限。

（1）无偏置电压状态下伏安特性的测量：

1）将 LED 发光光源装置与照度计探头相对安放在平台上，按照图 5-11 搭建 LED 供电电路，打开电源，调节电位器，使 LED 照度分别为表 5-5 中的照度值，记录下每个照度对应的电流值，填入表中，关闭电源。

表 5-5 发光二极管的电流与发出的光照度

光照度 E_v/lx	500	1000	1500	2000
电流 I_{LED}/mA				

2）移开照度计探头，将光电二极管实验装置和 LED 光源装置相对安放到导轨上。

3）如图 5-12 所示，搭建光电二极管无偏置电压状态下伏安特性测量电路。将光电二极管实验装置引线的红色插头插到负载电阻 $R_L = 0$ 的一个插孔中，负载电阻 $R_L = 0$ 的另一个插孔与数字电流表的负极连接，再将光电二极管装置的黑色插头插入数字电流表的正极，在光电二极管两端并联一块数字电压表，即完成光电二极管测量电路的搭建。电压表用来测量光电二极管两端的电压，电流表用来测量流过光电二极管的电流。

4）打开光电平台电源，根据表 5-5 中的数据调整 LED 光源供电电路中的电位器，使电流 I_{LED} 达到表 5-5 中规定的照度所需要的电流值，读出光电二极管的电压和电流值，填入表 5-6 中，计算输出功率 P。更换负载电阻 R_L 为表 5-6 中的值，再读出电压和电流值，填入表 5-6 中，计算输出功率 P。

5）再调整 LED 光源供电电路中的电位器，使电流 I_{LED} 达到表 5-5 中规定的照度所需要的电流值，再测一组光电二极管的电流 I_P 和电压 U_P，计算出输出功率 P，填入表 5-6 中。多测几组数据，填入表 5-6 中，在直角坐标系中画出光电二极管 I_P-U_P 的关系曲线，即为光电二极管在无偏置电压状态下的伏安特性曲线。

（2）最佳负载电阻的测量：

从表 5-6 中可以看出，光电二极管在某照度下输出的功率 P 随负载电阻 R_L 的变化而变化，输出功率最大的负载电阻 R_L 称为最佳负载电阻，记作 R_{opt}。对应不同照度下的最佳负载电阻 R_{opt} 的阻值不同，通过实验可以找到最佳负载电阻 R_{opt} 与入射辐射量的关系。

将负载电阻 R_L 用电位器代替，改变电位器的阻值，观察光电二极管电流和电压的变化以及输出功率 P 的变化，直到找出最大输出功率时为止，用万用表测量出电位器此刻的阻值或将电位器与数字电流表串联接入+12V 电源测量出电流并计算出电位器的阻值，即为该照度下的最佳负载电阻。

表 5-6 光电二极管无偏置电路的测量数据

照度	次数	1	2	3	4	5	6	7	8
500lx	$R_L/k\Omega$	0	0.51	5.1	51	100	270	510	1000
	U_P/mV								
	$I_P/\mu A$								
输出功率 P/mW									
1000lx	$R_L/k\Omega$	0	0.51	5.1	51	100	270	510	1000
	U_P/mV								
	$I_P/\mu A$								
输出功率 P/mW									
1500lx	$R_L/k\Omega$	0	0.51	5.1	51	100	270	510	1000
	U_P/mV								
	$I_P/\mu A$								
输出功率 P/mW									
2000lx	$R_L/k\Omega$	0	0.51	5.1	51	100	270	510	1000
	U_P/mV								
	$I_P/\mu A$								
输出功率 P/mW									

（3）反向偏置电压状态下伏安特性的测量：

1）如图 5-13 所示，搭建光电二极管在反向偏置电压状态下伏安特性测量电路。将光电二极管实验装置引线的黑色插头插入平台右下角的"低压可调"电源插孔，红色插头插到负载电阻 R_L=510Ω 的一个插孔中，负载电阻的另一个插孔与数字电流表的负极连接，数字电流表的正极与平台"GND"连接，在光电二极管两端并联一块数字电压表，即完成光电二极管测量电路的搭建。电压表用来测量光电二极管两端的电压，电流表用来测量流过光电二极管的电流。

2）将低压可调旋钮逆时针旋转到底，打开光电平台电源，根据表 5-5 中的数据调整 LED 光源供电电路中的电位器，使电流 I_{LED} 达到表 5-5 中规定的照度所需要的电流值，此时电压值为 0V，读出光电二极管的电流值，填入表 5-7 中。调节低压可调旋钮，使光电二极管两端电压为表 5-7 中的电压值，再读出电流值，填入表 5-7 中。

3）再调整 LED 光源供电电路中的电位器，使电流 I_{LED} 达到表 5-5 中规定的照度所需要的电流值，再调节低压可调旋钮，读出光电二极管的电压 U_P 和电流 I_P，填入表 5-7 中。多测几组数据，填入表 5-7 中，在直角坐标系中画出光电二极管 I_P-U_P 的关系曲线，即为光电二极管在反向偏置电压状态下的伏安特性曲线。

表 5-7　光电二极管伏安特性测量值

E_v/lx	次　数	1	2	3	4	5	6	7	8
500	电压 U_P/V	0	−0.5	−1	−1.5	−2	−2.5	−3	−3.5
	电流 I_P/mA								
1000	电压 U_P/V	0	−0.5	−1	−1.5	−2	−2.5	−3	−3.5
	电流 I_P/mA								
1500	电压 U_P/V	0	−0.5	−1	−1.5	−2	−2.5	−3	−3.5
	电流 I_P/mA								
2000	电压 U_P/V	0	−0.5	−1	−1.5	−2	−2.5	−3	−3.5
	电流 I_P/mA								

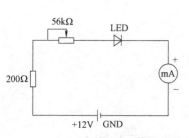

图 5-11　LED 供电电路

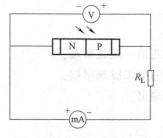

图 5-12　无偏压测量电路

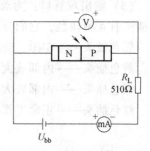

图 5-13　反向偏置测量电路

5.3　热敏器件与热释电探测器实验

5.3.1　实验目的

（1）通过热敏器件与热释电探测器实验，掌握热释电探测器件的工作原理及放大电路，为学生应用热释电器件进行红外探测相关设计奠定基础。

（2）通过实验，培养学生实验设计、实施、调试、测试和数据分析的能力。

5.3.2　需用器件与单元

光电传感器实验平台主机、热释电器件实验装置、照度计。

5.3.3　实验步骤

1. 熟悉热释电实验装置

热释电实验装置的外形结构如图 5-14 所示，它由以下几部分组成。

（1）热释电器件：器件感应面由装置外壳的前板探出，用来接收各种频率的输入光信号。

（2）供电接口：用 φ2.1 偏孔座固定于装置外壳的后板上。实验装置的供电电源是 +12V，连接方法是将 φ2.1 电源线的黄色插头接入平台的 +12V 端口，黑色插头接入平台的 GND 端口。

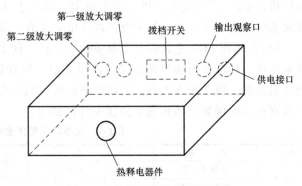

图 5-14　热释电实验装置外形图

（3）放大器调零电位器：热释电实验装置是用两级放大器对热释电信号进行放大的，每级都需要进行"调零"才能获得理想的信号输出。在实验装置后面板上分别安装两个"调零"电位器，如图 5-15 所示。

（4）拨档开关：由 4 位微动开关构成，用来改变电路，完成放大器的调零与进行测量的转换，具体工作在后面详述。

（5）输出观察口：为观测放大电路的工作状态而设置，由 4 芯航空插头与之相连。航空插头有 4 种颜色，它们分别为：

黑色插头——GND，公共地；

黄色插头——内部放大电路的第一级观察端；

绿色插头——内部放大电路的第二级观察端；

红色插头——正常工作时的输出。

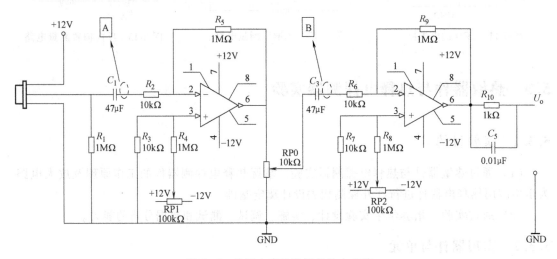

图 5-15　热释电实验装置的放大电路

2. 调零

由运算放大器组成线性放大电路时输出信号常不为零，需要对其进行调整，这个过程称为运算放大器的"调零"。调零的目的是控制放大器失调电压和失调电流对输出范围的影响，尽量增大放大器输出线性范围。调零过程如下：

（1）通电之前，将拨动开关的 2、4 档位拨至上方"ON"位置，同时将 1、3 档位保持在下方"OFF"位置不变，使图 5-15 中的 Ⓐ、Ⓑ 处是"断开"状态，并将两个运算放大器的输入直接接 GND（两级放大器的输入端均接地）。

（2）接好电源，分别对两级放大器进行调零，利用光电平台上的数字电压表测量两级放大器的输出，将黄色和黑色插头插入 20V 数字电压表的红、黑插孔，调整第一级放大调零电位器，使数字电压表显示的数值为 0。拔出黄色插头，将绿色插头插入 20V 电压表红色插孔，调整第二级放大调零电位器，使数字电压表显示的数值为 0。至此两级放大器都完成调零后进入观测阶段。

3. 观测

（1）将电源关掉，对拨动开关进行重新设置，即将拨动开关的 1、3 档位拨至上方"ON"位置，同时将 2、4 档位拨到下方"OFF"位置，拔掉黄、绿插头，使之悬空，将红色插头插入数字电压表的输入插孔，即将电路恢复到图 5-15 状态。

（2）接好电源，观察红色插头所接的电压表数值（它所测量的是热释电的输出），静待电压表数值接近于 0（由于外界条件影响，其值在 ±0.5V 之间，变化跨度最小的电压值认为是稳定点）。

（3）改变热释电器件接触窗口处的温度（如将手或其他具有热辐射的物体靠近热释电器件），观察电压表数值的变化。如果将热烙铁靠近，观察数值的变化。

（4）理想条件下，若环境温度不变，也没有热源信号的作用，输出电压值应该是缓慢减小，最终趋于稳定的。但是，实际上由于周边人员的晃动，实验室温度场的影响和不稳定，会使输出的电压值在 ±12V 之间变化，环境条件稳定后将围绕着稳定点变化并逐渐趋于稳定。

（5）分析热源突变对热释电实验装置输出的影响，而稳定的热源为何影响很小？

5.4 PSD 位置传感器特性参数测量实验

5.4.1 实验目的

（1）通过 PSD 位置传感器的原理实验，掌握光伏器件的横向效应和利用横向效应制造出的光电位置传感器（PSD）的工作原理，并了解有关 PSD 的应用技术。

（2）通过实验，培养学生实验设计、实施、调试、测试和数据分析的能力。

5.4.2 需用器件与单元

光电传感器实验平台、PSD 位置传感器及其夹持器 1 件、点状半导体激光器、滑块 2 只、二维调整架 1 只。

5.4.3 实验步骤

1. 器件简介

将装载有点光源的被测物体所发出的圆形光点落入到一维 PSD 器件上，其两个电极分别输出 2 路电流，电流强度的差值与光点距器件中心位置的距离成正比，因此，可用电流强度来度量光点在 PSD 上的位置，即用电流测出被测物体的位置。PSD 器件目前已广泛地应用于激光自准直、光点位移量和振动的测量、平板平行度的检测和二维位置测量等领域。但是，CCD 光电传感器应用技术的发展必将对它的应用带来很大的冲击。从另一个角度来说，CCD 技术的发展必然会使应用 PSD 器件难以解决的问题变得简单。例如，用 PSD 探测器进行距离探测很难解决背景光的干扰问题，而用 CCD 传感器做探测器则很容易解决该问题，并且 PSD 器件的温度漂移对位置测量误差的影响等都是难以解决的问题，所以它的应用广度尚无法与线阵 CCD 器件相比。

2. 搭建实验装置和电路

（1）搭建实验装置：从平台备件箱中取出如图 5-16 所示的 PSD 器件，将其安装在支撑杆上，再将支撑杆安装在滑块上，将滑块固定在导轨上，如图 5-17 所示；然后再将点状半导体激光器（LD 光源）装置安装在装有二维调整架的滑块上，如图 5-18 所示。

图 5-16　PSD 器件外形图　　　图 5-17　PSD 安装示意图　　　图 5-18　点状激光器安装示意图

将能够做一维微位移的点激光光源装置与 PSD 实验装置相对安放，使激光光源发出的光点能够在 PSD 光敏面上移动，如图 5-19 所示。然后搭建激光器供电电路，将点状半导体激光器的正极（红线）串联一个 51Ω 电阻接到平台的+5V 电源上，激光器的负极（黑线）接 GND。PSD 实验装置已经将 PSD 器件的 4 个引脚分别用红、黑和黄三色线引出，其中黑色线为 N 型电极的引出线，其余两种颜色线分别为两个 P 型电极。将 PSD 的两个 P 型层电极（红与黄色引出线）分别接到两块数字电流表的"+"（红色）插孔中，将两块表的"−"（黑色）插孔连接起来，并与 PSD 装置的黑色连线连接，构成如图 5-20 所示的电路。

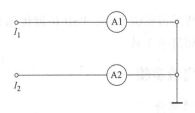

图 5-19　PSD 实验安装示意图　　　　　图 5-20　PSD 简单实验电路

（2）数据观测：打开平台电源，观察两块电流表的数值，调节固定激光器的二维底座，使两块电流表的数值相等（即激光器发出的光点打在 PSD 光敏面的中心位置上），在二维底座上读出位置；再调节二维底座，使激光光点沿着 PSD 光敏面移动，观察激光点位置移动过程中两块电流表的示值变化，示值与光点的位置有关，在二维底座上读出新的位置，算出 PSD 的位移，记录下来，填入表 5-8 中，并将对应的电流表读数记录下来，填入表 5-8 中，观测位移量 ΔX 与电流变化量间的关系。

认识型实验过程中由于光点的移动精度受到结构的限制，另外电流表对电流测量的线性和精度也不高，所以只能粗略地进行原理性的实验，不能获得更高的精确度。如果追求更高精度的实验，必须对实验装置提出更高的要求，对测量电路也要提出更高的要求。

表 5-8 PSD 测量数据

$\Delta X/\mathrm{mm}$							
I_1/mA							
I_2/mA							
$\Delta I/\mathrm{mA}$							

作为要求精度很高的 PSD 实验仪器要从两个方面提出要求，一方面是机械运动量的测量精度能够达到要求；另一方面是要保证 PSD 输出电流的线性。

确保机械量测量的精度由机械系统设计完成。请思考采用何种电路来保证 PSD 输出电流的线性？

5.5 四象限光电传感器特性参数测量实验

5.5.1 实验目的

（1）通过四象限光电传感器的原理实验，熟悉四象限原理，掌握四象限光电探测器测量方法，并了解有关四象限光电探测器的应用技术。

（2）通过实验，培养学生实验设计、实施、调试、测试和数据分析的能力。

5.5.2 需用器件与单元

光电传感器实验平台、四象限光电传感器及实验装置、点状半导体激光器、滑块 2 只、二维调整架 1 只。

5.5.3 实验步骤

1. 器件简介

将装载有点光源的被测物体所发出的圆形光点落入到二维的四象限器件上，其 4 个电极分别输出 4 路电流，电流强度的差值与光点距器件中心位置的距离成正比，因此，可用电流强度来度量光点在四象限上的位置，即用电流测出被测物体的位置。四象限光电探测器广泛应用于跟踪、制导、定位和准直等方面，作为测量组件在扫描探针显微镜、光镊以及空间光通信等激光光学系统中也有着大量的应用。

2. 搭建实验装置和电路并观测

从平台备件箱中取出四象限实验装置（见图 5-21），将其安装在支撑杆上，再将支撑杆安装在滑块上，将滑块固定在导轨上，如图 5-22 所示；然后再将点状半导体激光器（LD 光源）装置安装在装有二维调整架的滑块上，如图 5-23 所示。

将能够做二维微位移的点激光光源装置与四象限实验装置相对安放，使激光光源发出的光点能够在四象限光敏面上移动，如图 5-24 所示。将点状半导体激光器的正极（红线）串联一个 51Ω 电阻接到平台的 +5V 电源上，激光器的负极（黑线）接 GND。四象限实验装置已经将四象限器件的 5 个引脚分别用红（第一象限）、蓝（第二象限）、黄（第三象限）、绿（第四象限）、黑（N 极）五色线引出。

图 5-21　四象限　　　图 5-22　四象限探测器　图 5-23　点状激光器　　图 5-24　四象限光电
光电传感器　　　　　　　　　　　　　　　　　　　　　　　　　　　　　　　传感器实验图

在光电平台上搭建四象限应用实验电路。先将四象限的红色引出线和黑色引出线接到数字电流表上，打开平台电源，调整点激光器二维底座，使激光照射在四象限光电传感器的第一象限内，观察电流表示数；再调节二维底座，使激光在四象限的第一象限内移动，观察电流表示数变化。将红色和蓝色引出线分别与两块数字电流表的红色插孔相连接，把黑色引出线与两块电流表的黑色插孔相连接，打开平台电源，调整点激光器二维底座，使激光在四象限光电传感器的第一象限与第二象限之间运动，观察两块电流表的数据变换。分别将两个不同颜色（红、蓝、黄、绿）的引出线与两块数字电流表的红色插孔相连接，把黑色引出线与两块电流表的黑色插孔相连接，打开平台电源，调整点激光器二维底座，使激光在四象限实验装置不同颜色引出线对应的两个象限内运动，观察两块电流表的数据变换。

认识型实验过程中，光点的移动精度受到结构的限制，电流表对电流测量的线性和精度也不高，只能粗略地进行原理性的实验，不能获得更高的精确度。如果追求更高精度的实验，必须对实验装置提出更高的要求，对测量电路也要提出更高的要求。

5.6　光电传感器电机转速测量与控制实验

5.6.1　实验目的

（1）通过光电传感器电机转速测量与控制实验，掌握光电传感器的工程应用。

（2）通过实验，培养学生实验设计、实施、调试、测试和数据分析的能力。

5.6.2　基本原理

利用光电传感器检测到的转速频率信号经 F/V 转换后作为转速的反馈信号，该反馈信号与智能人工调节仪的转速设定比较后进行数字 PID 运算，调节电压驱动器改变直流电机电枢电压，使电机转速趋近设定转速（设定值：400~2200r/min）。转速控制原理框图如图 5-25 所示。

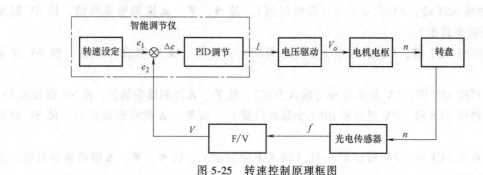

图 5-25　转速控制原理框图

5.6.3　需用器件与单元

本实验在 CSY-XS-01 传感器系统实验箱为实验平台上完成，主要器件与单元有主板调节仪、电机驱动、转速盘、光电传感器（已装在转速盘上）、光电输出。

5.6.4　实验步骤

（1）设置调节仪转速控制参数：合上实验箱的主电源开关，再将调节仪的控制选择开关按到"转速"位置后合上调节仪电源开关，仪表上电后，仪表的上显示窗口（PV）显示随机数或闪动显示"orAL"，下显示窗口（SV）显示控制给定值（实验值）。按 SET 键并保持约 3s，即进入参数设置状态。在参数设置状态下按 SET 键，仪表将按参数代码 1~33 依次在上显示窗显示参数符号，下显示窗显示其参数值，此时分别按◀、▼、▲三键可调整参数值，长按▼或▲可快速加或减，调好后按 SET 键确认保存数据，转到下一参数继续调完为止。先按◀（A/M）键不放接着再按 SET 键可退出设置参数状态。如果没有按键操作，约 30s 后会自动退出设置参数状态。按◀（A/M）键并保持不放，再按▼键可返回显示上一参数。如设置中途间隔 10s 未操作，仪表将自动保存数据，退出设置状态。

具体设置控制转速参数的方法步骤如下：

1）按住 SET 键保持约 3s，仪表进入参数设置状态，PV 窗显示 ALM1（上限报警），长按▲键调整参数值，使 SV 窗显示 9999 后释放▲键。

2）再按 SET 键，PV 窗显示 ALM2（下限报警），长按▼键调整参数值，使 SV 窗显示 -9999 后释放▼键。

3）再按 SET 键，PV 窗显示 Hy-1（正偏差报警），长按▲键，使 SV 窗显示 9999 后释放▲键。

4）再按 SET 键，PV 窗显示 Hy-2（负偏差报警），长按▲键，使 SV 窗显示 9999 后释放▲键。

5）再按 SET 键，PV 窗显示 Hy（回差），按▼、▲键修改参数值，使 SV 窗显示 0。

6）再按 SET 键，PV 窗显示 At（控制方式），按▼、▲键修改参数值，使 SV 窗显示 1。

7）再按 SET 键，PV 窗显示 I（保持参数），按◄、▼、▲键调整参数值，使 SV 窗显示 5170（经验参数值）。

8）再按 SET 键，PV 窗显示 P（速率参数），按◄、▼、▲键调整参数值，使 SV 窗显示 0（经验参数值）。

9）再按 SET 键，PV 窗显示 d（滞后时间），按◄、▼、▲键调整参数值，使 SV 窗显示 30（经验参数值）。

10）再按 SET 键，PV 窗显示 t（输出周期），按▼、▲键修改参数值，使 SV 窗显示 11。

11）再按 SET 键，PV 窗显示 Sn（输入方式），按▼、▲键调整参数值，使 SV 窗显示 33。

12）再按 SET 键，PV 窗显示 dP（小数点位置），按▼、▲键修改参数值，使 SV 窗显示 0。

13）再按 SET 键，PV 窗显示 P-SL（输入下限显示），按◄、▼、▲键调整参数值，使 SV 窗显示 250。

14）再按 SET 键，PV 窗显示 P-SH（输入上限显示），按◄、▼、▲键调整参数值，使 SV 窗显示 2500。

15）再按 SET 键，PV 窗显示 Pb（主输入平移修正），不按键，SV 窗显示 0。

16）再按 SET 键，PV 窗显示 oP-A（输出方式），按▼、▲键修改参数值，使 SV 窗显示 1。

17）再按 SET 键，PV 窗显示 outL（输出下限），按▼、▲键修改参数值，使 SV 窗显示 0。

18）再按 SET 键，PV 窗显示 outH（输出上限），按◄、▼、▲键调整参数值，使 SV 窗显示 100。

19）再按 SET 键，PV 窗显示 AL-P（报警输出定义），按◄、▼、▲键调整参数值，使 SV 窗显示 17。

20）再按 SET 键，PV 窗显示 CooL（系统功能选择），按▼、▲键修改参数值，使 SV 窗显示 0。

21）再按 SET 键，PV 窗显示 Addr（通信地址），不按键，SV 窗显示 1。

22）再按 SET 键，PV 窗显示 bAub（通信波特率），不按键，SV 窗显示 9600。

23）再按 SET 键，PV 窗显示 FILt（输入数字滤波），按▼、▲键修改参数值，使 SV 窗显示 1。

24）再按 SET 键，PV 窗显示 A-M（运行状态），按▼、▲键修改参数值，使 SV 窗显示 2。

25）再按 SET 键，PV 窗显示 LocK（参数修改级别），不按键，SV 窗显示 808。

26）再按 SET 键，PV 窗显示 EP1～EP8（现场参数定义），不修改参数值，SV 窗显示默认值，再重复按 SET 键 7 次。到此，调节仪控制参数设置完成，关闭主电源。

（2）按图 5-26 示意接线。检查接线无误后，合上主电源开关，按一下▼键，接着按◄、

▼、▲键设置给定值（实验转速值，如 800r/min），使 SV 窗显示 800。调节仪进入自动控制过程，经数次周期振荡调节，转速盘转速在 800r/min 左右波动。时间越久，转速盘转速与给定值偏差越小。

（3）再按一下▼键，接着按◄、▼、▲键，在 400～2200r/min 范围内任意设置实验给定值，观察 PV 窗测量值的变化过程（最终在 SV 设定值调节波动）。

（4）按 SET 键并保持约 3s，即进入参数设置状态，进行大范围改变控制参数 P 或 I 或 d 的其中之一设置值（注：其他任何参数的设置值不要改动），观察 PV 窗测量值的变化过程，试根据现象分析原因。

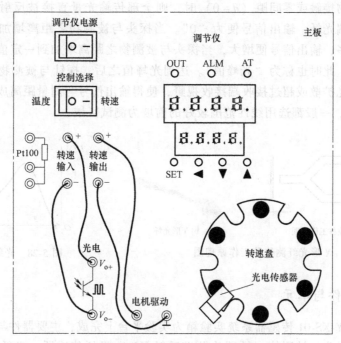

图 5-26   光电传感器控制电机转速实验接线示意图

5.7   光纤传感器位移特性实验

5.7.1   实验目的

（1）通过实验，了解光纤位移传感器的工作原理和性能。

（2）培养学生实验设计、实施、调试、测试和数据分析的能力。

5.7.2   基本原理

光纤传感器主要分为两类：功能型光纤传感器及非功能型（也称为物性型和结构型）光纤传感器。功能型光纤传感器利用对外界信息具有敏感能力和检测功能的光纤构成"传"和"感"合为一体的传感器，工作时利用检测量去改变描述光束的一些基本参数，如光的强度、相位、偏振、频率等，它们的改变反映了被测量的变化。应用光纤传感器的这种特性可以实现力、压力、温度等物理参数的测量。非功能型光纤传感器主要是利用光纤对光的传输作用，由其他敏感元件与光纤信息传输回路组成测试系统，光纤在此仅起传输作用。

本实验采用的是传光型光纤位移传感器，它由两束光纤混合后组成 Y 形光纤，半圆分布即双 D 分布，一束光纤端部与光源相接发射光束，另一束端部与光电转换器相接接收光束。两光束混合后的端部是工作端亦称探头，它与被测体相距 d，由光源发出的光束沿光纤传到端部出射后再经被测体反射回来，另一束光纤接收光信号由光电转换器转换成电量，如图 5-27 所示。

传光型光纤传感器位移测量是根据传送光纤光场与受讯光纤交叉地方视景做决定的。当光纤探头与被测物接触或零间隙 ($d=0$) 时，则全部传输光量直接被反射至传输光纤，没有提供光给接收端光纤，输出信号便为 "0"。当探头与被测物之距离增加时，接收端光纤接收的光量也越多，输出信号便增大，当探头与被测物之距离增加到一定值时，接收端光纤全部被照明为止，此时也称为 "光峰值"。达到光峰值之后，探针与被测物之距离继续增加时，将造成反射光扩散或超过接收端接收视野，使得输出信号与测量距离成反比例关系。如图 5-28 曲线所示，一般都选用线性范围较好的前坡为测试区域。

图 5-27　Y 形光纤测位移工作原理图　　　　图 5-28　光纤位移特性曲线

5.7.3　需用器件与单元

本实验在 CSY-XS-01 传感器系统实验箱为实验平台上完成，主要器件与单元有机头静态位移安装架、测微头、被测体（铁圆片抛光反射面）、光纤传感器、光纤座（光电变换）、主板 F/V 表、光纤输出口、差动放大器。

5.7.4　实验步骤

（1）观察光纤结构：两根多模光纤组成 Y 形位移传感器。将两根光纤尾部端面（包铁端部）对住自然光照射，观察探头端面现象，当其中一根光纤的尾部端面用不透光纸挡住时，在探头端观察面为半圆双 D 形结构。

（2）按图 5-29 示意安装、接线。

1）安装光纤：安装光纤时，要用手抓捏两根光纤尾部的包铁部分轻轻插入光纤座中，绝对不能用手抓捏光纤的黑色包皮部分进行插拔，插入时不要过分用力，以免损坏光纤座组件中光电管。

2）安装测微头、被测体：调节测微头微分筒到 5mm 处（测微头微分筒 0 刻度与轴套 5 刻位对准），将测微头安装套插入静态位移安装架的安装孔内并在测微头测杆上套上被测体（铁圆片抛光反射面），移动测微头安装套使被测体反射面紧贴住光纤探头并拧紧安装孔的紧固螺钉。

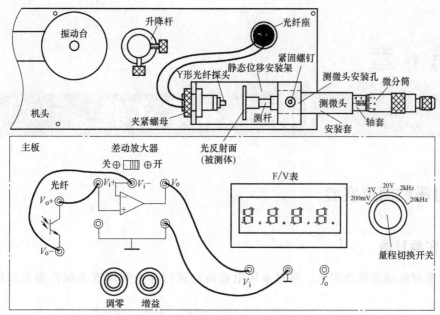

图 5-29　光纤传感器位移实验安装、接线示意图

3）在主板上按图 5-29 示意接线。

（3）检查接线无误后合上主电源开关，将 F/V 表的量程切换开关切换到 20V 档，将差动放大器的拨动开关拨到"开"位置。将差动放大器的增益旋钮按顺时针方向轻轻转到底后再逆向回转 1 圈，调节差动放大器的调零旋钮使 F/V 表显示为 0。

（4）逆时针调动测微头的微分筒，每隔 0.1mm（微分筒刻度 0～10、10～20……）读取电压表显示值，将数据填入表 5-9 中。根据表 5-9 数据画出实验曲线并找出线性区域较好的范围计算灵敏度和非线性误差。

表 5-9　光纤位移传感器输出电压与位移数据

X/mm											
U/V											

第6章

无损检测技术实验

6.1 电磁波测厚实验

6.1.1 实验目的

（1）通过电磁波测厚实验，掌握采用电磁波法进行非金属厚度无损检测的原理及相关应用。

（2）通过实验，培养学生实验设计、实施、调试、测试和数据分析的能力。

6.1.2 基本原理

KON-LBY（A）非金属板测厚仪是利用电磁场的空间传播特性对非金属板厚度进行间接测量的，非金属板越厚，电磁衰减越大。如图6-1所示，非金属板测厚仪由发射探头、接收探头、接收信号处理系统、显示系统及数据存储系统五大部分组成。发射探头在非金属板一侧产生一定频率的电磁场，接收探头在非金属板另一侧接收衰减后的电磁场并将其转换为电信号传入接收信号处理系统，接收信号处理系统将测量结果进行显示和存储。

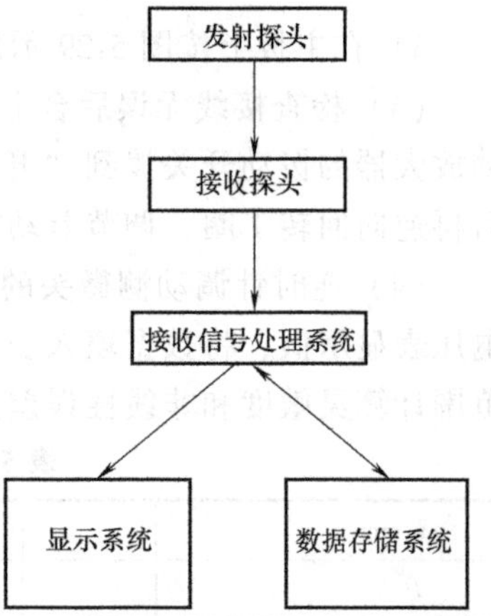

发射探头 → 接收探头 → 接收信号处理系统 → 显示系统 / 数据存储系统

图 6-1　板厚度测试仪工作原理框图

6.1.3 实验设备

计算机、KON-LBY（A）非金属板厚度测试仪。

6.1.4 实验步骤

（1）开机：按下仪器面板的①键，仪器上电，开始工作。

（2）功能选择界面：在启动界面按任意键（切换键除外），进入功能选择界面，有"厚度测试""数据查看""删除数据"和"数据传输"功能，通过↑、↓键，选择"厚度测试"功能，按"确定"键进入其功能界面。

（3）厚度测试：开始测试前需将发射探头和接收探头分别处于非金属板（楼板）的两侧，如图6-2所示，打开发射探头开关，发射探头电源指示灯（简称指示灯）绿灯亮表示发射探头工作正常，指示灯红色且发射探头发出报警声或指示灯不亮时，表示发射探头电量不足，需要充满电后再使用。

　　进入厚度测试界面，首先设置构件信息，包括构件名和构件的设计值，按←、→键移动光标位置，按↑、↓键可以调整光标位置的数值，其中构件名设置为4位，用0~9和A~Z中的字符表示，设计值可以在0~999之间设置，单位是mm，完成以上设置后按"确定"键确认设置。

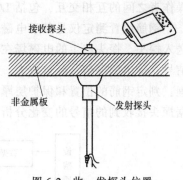

图 6-2　收、发探头位置

　　测试过程中，"测点号"处显示当前测试测点在构件中的序号（从1开始）；"信号值"处实时显示接收到信号的原始值，反映原始信号的强弱；"当前厚度"处实时显示对信号值进行处理得出的厚度值；"测点厚度"处显示对当前厚度进行分析得出的当前测点厚度值；按"存储"键存储测点厚度，存储后测点号加1，存储完毕，可以继续该构件编号的检测；按"确定"键将测点厚度复位，重新对当前厚度进行测试。

　　如图6-2所示，发射探头固定在非金属板（楼板）下面，按下随机配置的对讲机左上侧PTT按钮给非金属板（楼板）上面主机和接收探头操作者报告发射探头位置，发射探头不动，移动接收探头时，在听到报警声后按图6-3所示的方式扫描，在有接收信号的区域内沿任意方向（AB向）移动接收探头，找到信号值最大、厚度值最小点O'点，再沿垂直AB向且经过O'的方向（CD向）移动接收探头，找到信号值最大、厚度值最小点O点，该点为收、发探头垂直方向的厚度值，即板的真实厚度。

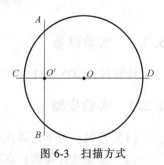

图 6-3　扫描方式

　　注：当收、发探头距离小于仪器测量下限时，屏幕上显示<50；当收、发探头距离超出仪器测量上限时，屏幕上显示>350。

　　（4）上传处理数据：将测得的数据上传到计算机中，在配套软件中处理数据。

　　（5）整理测量数据，绘制测量数据表格。

6.2　钢筋直径和保护层厚度检测实验

6.2.1　实验目的

　　（1）通过钢筋直径和保护层厚度检测实验，掌握采用电磁波法进行金属无损检测的原理及相关应用。

　　（2）通过实验，培养学生实验设计、实施、调试、测试和数据分析的能力。

6.2.2　基本原理

　　钢筋位置测定仪的硬件由传感器模块、数据采集模块、数据处理模块、信号激励模块、人机接口模块和数据传输接口模块组成，如图6-4所示。传感器模块用于感应被测信息；数据采集模块将传感器输出的信号处理后送入CPU；数据处理模块用于处理数据采集模块送入的数据、响应键盘等；信号激励模块用于生成激励探头的信号；人机接口模块用于仪器和操作者之间的互相交互，包括 LCD 和键盘。

钢筋位置测定仪是基于电磁法的无损检测仪器。信号发射系统产生一定频率的激励信号送入探头，探头产生的电磁场在钢筋内产生涡流，涡流产生的电磁场又被探头接收并输出电信号，输出的电信号经过放大、采集系统转换为数字信号，再经主机的信号处理系统进行处理，判定钢筋的位置和保护层厚度以及钢筋的直径。距离钢筋越近，接收到的信号越大，根据探头接收到的信号的变化分析得到钢筋的位置和保护层以及钢筋的直径信息。

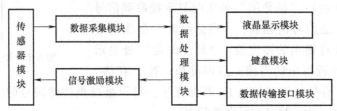

图 6-4　KON-RBL（D）钢筋位置测定仪硬件框图

6.2.3　实验设备

计算机、KON-RBL（D）钢筋位置测定仪。

6.2.4　实验步骤

（1）开机：按下仪器面板的①键，仪器上电，开始工作。

（2）功能选择界面：在启动界面按任意键（切换键除外），进入功能选择界面，通过↑、↓键，选择"直径测试"功能，然后按"确定"键进入其功能界面。

（3）钢筋直径测试：进入直径测试界面，首先设置工程"编号"（首位固定为2），完成设定后按"确定"键确认设置，且进行探头自校正，此时将探头放置在空气中，远离强磁场干扰，同时屏幕上显示"wait!"，当"wait!"消失后，说明探头自校正完毕，可进入检测状态。

在检测过程中，"信号值"右侧显示的是探头当前的信号值；"已存储"右侧显示的是已经存储的信息量；"直径"右侧显示的是当前探头处估测的钢筋直径；"厚度"右侧显示的是当前探头处等效的保护层厚度。黑色指示条的长短表示探头接近钢筋正上方的趋势，黑色指示条增长表示探头接近钢筋正上方，黑色指示条缩短表示探头远离钢筋正上方。

要找到钢筋正上方的位置，准确地检测被测钢筋的直径和保护层厚度，首先要粗略扫描，在听到报警声后往回平移探头，由于第一次探头平移速度过快，可能会漏采数据，因此当声音报警后，往回平移探头时，尽量放慢速度，且听到第二次声音报警时，"信号值"右侧的数据会发生变化，如此往复直至"信号值"右侧的数值处于最大值且黑色指示条为最长，此时探头上菱形图案的中心就在钢筋的正上方，然后按切换键，稍等一会儿，就可估测出被测钢筋的直径和保护层厚度，相应以大字体显示在"直径"和"厚度"右侧的位置。此时可按"存储"键进行数据存储，"已存储"右侧数字自动加1，表示已保存该工程信息的数量，此时可以继续检测；按"返回"键返回到工程信息设置状态。

检测过程中按"确定"键进行探头自校正，此时必须将探头放在空气中，且要远离钢筋和强磁场，当屏幕上"wait!"消失后，自校正完毕，可继续进行检测。

注：如果保护层厚度小于表 6-1 中相应的最小可测保护层厚度值，"直径"显示"太薄"；如果保护层厚度大于表 6-1 中相应的最大可测保护层厚度值，"直径"显示"太厚"，此时无法检测直径。

表 6-1 钢筋直径标称范围　　　　　　　　　　　（单位：mm）

钢筋直径	最小可测保护层厚度	最大可测保护层厚度
6	7	60
8	10	60
10	11	65
12	14	65
14	15	65
16	16	65
18	16	65
20	18	65
22	18	65
25	19	65
28	21	65
32	21	65

（4）上传处理数据：将测得的数据上传到计算机中，在配套软件中处理数据。

（5）整理测量数据，绘制测量数据表格。

6.3 钢筋扫描探测实验

6.3.1 实验目的

（1）通过钢筋扫描探测实验，掌握采用电磁波法进行金属无损检测的原理及相关应用。

（2）通过实验，培养学生实验设计、实施、调试、测试和数据分析的能力。

6.3.2 基本原理

实验基本原理与 6.2 节实验相同。

6.3.3 实验设备

计算机、KON-RBL（D）钢筋位置测定仪。

6.3.4 实验步骤

（1）开机：按下仪器面板的①键，仪器上电，开始工作。

（2）功能选择界面：在启动界面按任意键（切换键除外），进入功能选择界面，通过↑、↓键，选择"直径测试"功能，然后按"确定"键进入其功能界面。

（3）钢筋扫描：进入"钢筋扫描"功能之前，首先连接扫描小车，并把探头和小车组装起来（探头嵌插在小车里）。在启动界面按任意键，进入功能选择界面，通过↑、↓键，选择"钢筋扫描"功能，然后按"确定"键进入钢筋扫描界面，在钢筋扫描界面，选择"网格扫描"，进入网格扫描功能界面。

在网格扫描界面，通过↑、↓键，选择需要检测的长度和宽度，然后按"确定"键进入相应功能界面，选择 0.5m×0.5m 规格。

进入 0.5m×0.5m 规格的网格钢筋扫描界面，首先设置工程信息，包括已知横向（Y）和纵向（X）钢筋的"直径"（默认值为 $X \phi 16mm$、$Y \phi 08mm$）和工程"编号"（首位固定为 3）的设置，按←、→键移动光标位置，按↑、↓键可调整光标位置的数值，完成以上设定后按"确定"键确认设置，并进行探头自校正，此时探头应放置在空气中，远离强磁场干扰，同时屏幕上显示"wait!"，当"wait!"消失后，探头自校正完毕，可进入检测状态。

小车的正方向为一个轴辘且有插头的一侧，在检测过程中，小车只能向正方向前进，前进时"距离"下方的数字是增长的。

检测过程中，"距离"下方的数字是探头相对于零点的水平距离，单位为 mm；"厚度"下方显示的是当前钢筋的保护层厚度；"方向"右侧显示的是小车扫描的方向，根据设计资料或经验确定钢筋走向，如果无法确定，参照钢筋检测方法，以确定钢筋位置。按照"方向"显示的"→"，首先检测网格的纵筋，测点应选择在网格横筋交点中间的位置，以避开网格横筋对被测纵筋的影响，手握小车从左至右水平平移（小车垂直纵筋的延伸方向，前进速度不超过 20mm/s），屏幕上则显示有一黑方块从左至右水平移动，听到报警声后，表明探头底下有钢筋且钢筋以垂直 X 轴直线的形式显示在屏幕上，同时其保护层厚度显示在"厚度"下方，继续向右平移小车，当小车走过的水平长度 ≥500mm 时，有连续报警声提示，这时，按↓键，"方向"改变为"↓"，接着检测网格的横筋，同样测点应选择在网格纵筋交点中间的位置，以避开网格纵筋对被测横筋的影响，手握小车从上至下平移（注意小车的方向），屏幕上显示有一黑方块亦从上至下移动，听到报警声后，探测到的钢筋以平行 X 轴直线的形式显示在屏幕上，同时其保护层厚度显示在"厚度"下方，继续向下平移小车，当小车走过的纵向长度 ≥500mm 时，有连续报警声提示，这时，按"存储"键进行数据存储。

（4）上传处理数据：将测得的数据上传到计算机中，在配套软件中处理数据。

注意：检测过程中按切换键进行第一标称范围和第二标称范围的切换，切换标称范围后必须按"确定"键进行探头自校正，否则检测结果不正确。

使用无边界扫描时请严格按照小车前进速度不超过 20mm/s 的规定，否则可能产生漏筋和显示混乱的现象。在已知大概的扫描范围时推荐选择有范围限制的扫描，因为这样可以更直观地显示钢筋的分布。

（5）整理测量数据，给出实验结果，绘制钢筋网格扫描图。

6.4 混凝土裂缝检测实验

6.4.1 实验目的

（1）通过混凝土裂缝检测实验，掌握超声波法进行非金属无损检测的原理及相关应用。

（2）通过实验，培养学生实验设计、实施、调试、测试和数据分析的能力。

6.4.2　基本原理

图 6-5 是 NM-4B 非金属超声检测分析仪的工作原理示意框图，其主要由高压发射与控制系统、程控放大与衰减系统、数据采集系统、专用微机系统四部分组成。

高压发射系统受同步信号控制产生高压脉冲激励发射换能器，将电信号转换为超声波信号传入被测介质，由接收换能器接收透过被测介质的超声波信号并将其转换为电信号，接收信号经程控放大、衰减系统做自动增益调整后输送给数据采集系统，数据采集系统将数字信号快速传输到专用微机系统中，微机通过对数字化的接收信号分析得出被测对象的声参量。

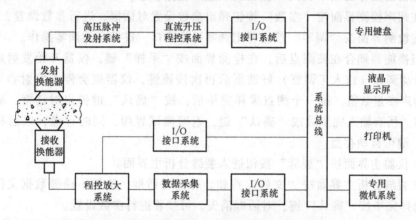

图 6-5　NM-4B 非金属超声检测分析仪工作原理框图

单面平测法检测裂缝深度应用的是声波的衍射现象。在平测法中，换能器分别置于裂缝表面的两侧，如图 6-6 所示。显然，发射换能器发出的声波以及经裂缝断面反射后的反射波均不能到达接收换能器，接收换能器接收的只是绕过裂缝下缘产生的衍射波。

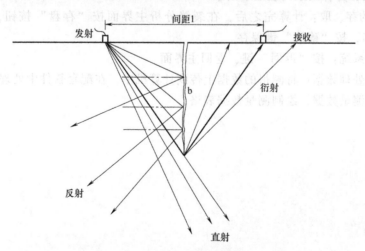

图 6-6　平测法检测裂缝深度

平测法检测裂缝深度的计算公式：

$$h = \frac{l}{2}\sqrt{\left(\frac{tv}{l}\right)^2 - 1} \tag{6-1}$$

式中，t 为接收首波走时；v 为声速；l 为换能器间距（修正值）。

6.4.3　实验设备

计算机、NM-4B 非金属超声检测分析仪。

6.4.4　实验步骤

（1）在仪器主界面按"检测"按钮进入超声检测状态。

（2）在超声检测界面按"参数"按钮弹出参数设置对话框，进行参数设置。

（3）在检测界面按"调零"按钮弹出调零操作窗口，进行自动调零操作。

（4）当换能器耦合在被测点后，在检测界面按"采样"键，仪器开始发射超声波并采样，仪器自动调整（或人工调整）好波形后再次按该键，仪器就会停止发射和采样，并显示所测得的声参量数值。第一个测点采样完毕后，按"确认"键弹出对话框，输入工程名称、文件名。所有输入完毕后按"确认"键，返回测试界面，同时存盘，以后每次采样后按"确认"键可自动存盘。

（5）在仪器主界面按"裂缝"按钮进入裂缝分析主界面。

（6）在裂缝分析主界面按"文件"按钮，弹出对话框，选择不跨缝数据文件和跨缝数据文件，选择完毕按"确认"键，对话框消失，可接着进行参数设置。

（7）参数的设置：在裂缝分析主界面按"参数"按钮，光标停留在构件号输入框中，输入编号后，按↑、↓键将光标移至所需修改的参数框进行修改，修改完后按"确认"键保存，并退出参数设置状态。

（8）计算与校核：选择好数据文件，设置参数后，按"计算"按钮，则对所选择的数据文件进行计算，并将结果列表显示出来。

（9）文件的存、取：计算完之后，在裂缝分析主界面按"存盘"按钮，弹出对话框，输入结果文件名，按"确认"键保存。

（10）退出系统：按"返回"键，返回主界面。

（11）上传处理数据：将测得的数据上传到计算机中，在配套软件中处理数据。

（12）整理测量数据，绘制测量数据表格。

第2篇

工业传感器与自动化
仪器仪表生产实习

◗ 第7章

工业传感器

本章主要内容来源于测控技术与仪器专业长期稳定的生产实习合作单位，重点介绍金属热电阻、热电偶、物位传感器、流量传感器、压力传感器等目前工业常用传感器的类型、应用领域、主要性能、工作原理和技术参数。本章可以作为测控技术与仪器专业深入生产企业一线进行工业传感器认识实习、生产实习时的重要参考资料。通过本章学习，结合进厂生产实习经历，有助于学生将来从事工业自动化系统设计时合理、正确地进行产品选型，培养学生工程意识和创新实践能力，能在工程实践中理解并遵守工程职业道德和规范。

7.1　金属热电阻系列

金属热电阻系列如图7-1所示。

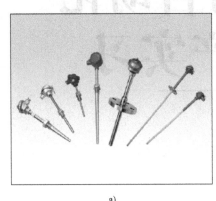
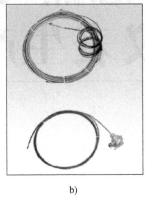
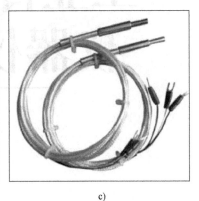

a)　　　　　　　　　　　　　b)　　　　　　　　　　　　　c)

图7-1　金属热电阻系列图

7.1.1　WZ系列装配式热电阻

1. 产品概述

WZ系列工业用热电阻作为温度测量传感器，通常与温度变送器、调节器以及显示仪表等配套使用，组成过程控制系统，用以直接测量或控制各种生产过程中$-200\sim500℃$范围内的液体、蒸汽和气体介质以及固体表面的温度。

热电阻是利用物质在温度变化时本身电阻也随着发生变化的特性来测量温度的。当被测介质中有温度梯度存在时，所测的温度是感温元件所在范围介质中的平均温度。

尽管各种热电阻的外形差异很大，但是它们的基本结构却大致相似，一般由感温元件、绝缘套管、保护管和接线盒等主要部分组成。WZ 装配式热电阻如图 7-1a 所示。

2. 特点

WZ 系列装配式热电阻测温精度高、机械强度高、耐压性能好；进口薄膜电阻元件，性能可靠稳定。

3. 工作原理

热电阻是利用物质在温度变化时，其电阻也随着发生变化的特征来测量温度的。当阻值变化时，工作仪表便显示出阻值所对应的温度值。

4. 主要技术参数（见表 7-1）

表 7-1　WZ 系列装配式热电阻的主要技术参数

类别	型号	分度号	测温范围 /℃	保护管材料	直径 d /mm	热响应时间 $t_{0.5}$/s
单支铂热电阻	WZP-130	Pt100	−200～420	不锈钢 1Cr18Ni9Ti 不锈钢 0Cr18Ni12Mo2Ti	$\phi16$	≤90
	WZP-131				$\phi12$	≤30
双支铂热电阻	WZP$_2$-130				$\phi16$	≤90
	WZP$_2$-131				$\phi12$	≤45
铜热电阻	WZC-130	Cu50	−50～100	黄铜 H62 不锈钢 1Cr18Ni9Ti	$\phi12$	≤120

7.1.2　WZ 系列铠装热电阻

1. 产品概述

如图 7-1b 所示，铠装热电阻是一种温度传感器，可用于测量−200～500℃ 范围内的温度，可直接用铜导线和二次仪表相连接使用。由于它具有良好的电输出特性，可为显示仪、记录仪、调节仪、扫描器以及计算机提供精确的温度变化输入信号。

2. 特点

铠装热电阻比装配式铂电阻直径小、易弯曲、抗振性好，适宜安装在装配式热电阻无法安装的场合；具有精确、灵敏、热响应时间快、质量稳定、使用寿命长等优点。铠装热电阻外保护套采用不锈钢，内充满高密度氧化物质绝缘体，因此，它具有很强的抗污染性能和优良的机械强度，适合安装在环境恶劣的场合。

3. 工作原理

在温度作用下热电阻丝的电阻随之变化，显示仪表将会指示出热电阻产生的电阻值所对应的温度值。

4. 测温范围和允许偏差（见表 7-2）

表 7-2　WZ 系列铠装热电阻的测温范围和允许偏差

型号	分度号	测温范围/℃	精度等级	允许偏差 Δt/℃
WZPK	Pt100	−200～500	A 级	−200～650℃ 时允差 $\pm(0.15+0.002t)$
			B 级	−200～800℃ 时允差 $\pm(0.30+0.005t)$

注：表中 t 为实测温度的绝对值。

7.1.3　WZCM、WZPM 系列端面热电阻

1. 产品概述

WZCM、WZPM 系列端面热电阻元件由特殊处理的丝材绕制，紧贴在温度计端面，与一般轴瓦热电阻相比，能更正确和迅速地反映被测端面的实际温度，适用于测量轴瓦或其他机件的端面温度，如图 7-1c 所示。

2. 测温范围和允许偏差（见表 7-3）

表 7-3　WZCM、WZPM 系列端面热电阻的测温范围和允许偏差

名称	测温范围/℃	允许偏差 Δt /℃	分度号
端面铜电阻	−50～100	$\pm(0.30+7.0\times10^{-10}t)$	Gu50 或 Cu100
端面铂电阻	−100～150	B 级：$\pm(0.30+7.0\times0.005t)$	Pt100

注：表中 t 为实测温度的绝对值。

7.2　热电偶系列

热电偶系列如图 7-2 所示。

　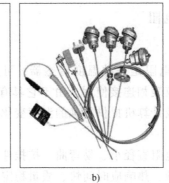　

a)　　　　　　　　　　　b)　　　　　　　　　　　c)

图 7-2　热电偶系列图

7.2.1　WR 系列装配式热电偶

1. 产品概述

工业用装配式热电偶作为测量温度的传感器，通常和显示仪表、记录仪表和电子调节器配套使用。它可以直接测量各种生产过程中 0～1800℃ 范围内的液体、蒸汽和气体介质以及固体表面的温度，如图 7-2a 所示。

2. 主要技术参数（见表 7-4）

表 7-4　WR 系列装配式热电偶的主要技术参数

热电偶类别	代号	分度号	测温范围/℃	允许偏差 Δt /℃
铂铑$_{30}$-铂铑$_6$	WRP	B	600～1700	$\pm1.5℃$ 或 $\pm0.25\%t$
铂铑$_{10}$-铂	WRP	S	0～1600	$\pm1.5℃$ 或 $\pm0.25\%t$

（续）

热电偶类别	代号	分度号	测温范围/℃	允许偏差 Δt/℃
镍铬-镍硅	WRN	K	0~1200	±2.5℃ 或 ±0.75%t
镍铬-铜镍	WRE	E	0~800	±2.5℃ 或 ±0.75%t
铜-铜镍	WRC	T	−40~350	±1℃ 或 ±0.75%t
铁-铜镍	WRF	J	0~800	±2.5℃ 或 ±0.75%t
镍铬硅-镍硅	WRM	N	0~1200	±2.5℃ 或 ±0.75%t

注：t 为实测温度的绝对值。

7.2.2　WR 系列铠装热电偶

1. 产品概述

如图 7-2b 所示，铠装热电偶具有能弯曲、耐高压、热响应时间快和坚固耐用等许多优点，它和工业用装配式热电偶一样，作为测量温度的传感器，通常和显示仪表、记录仪表和电子调节器配套使用，同时亦可作为装配式热电偶的感温元件。它可以直接测量各种生产过程中 0~800℃ 范围内的液体、蒸汽和气体介质以及固体表面的温度（亦可提供外保护管材质 Cr25Ni20、GH3030、GH3039、3YC-52，测温范围为 0~1200℃）。

2. 主要技术参数（见表 7-5）

表 7-5　WR 系列铠装热电偶的主要技术参数

类别	代号	分度号	套管外径 /mm	常用温度 /℃	最高使用 温度/℃	允许偏差 Δt	
						测温范围/℃	允差值
铂铑$_{10}$-铂	WRPK	S	≥3	1100	1200	0~1200	±1.5℃ 或 ±0.75%t
镍铬-铜镍	WREK	E	≥3	600	700	0~700	±2.5℃ 或 ±0.75%t
镍铬-镍硅	WRNK	K	≥3	800	900	0~900	±2.5℃ 或 ±0.75%t
铜-铜镍	WRCK	T	≥3	350	400	<−200	未做规定
						−40~±350	±0.75%t
铁-铜镍	WRFK	J	≥3	500	600	0~600	±2.5℃ 或 ±0.75%t

注：t 为实测温度的绝对值。

7.2.3　防爆热电偶

1. 产品特点

如图 7-2c 所示，防爆热电偶的保护管与测量元件为分离式结构，可在进行不停机抢修时，快速更换测温元件；保护管形式和材质多样，可满足高压、高温和强腐蚀介质的测温需要；测温芯和保护管底部采用弹簧压紧，既减少了热惯性又提高了防振性能；采用铠装元件，耐压、抗振，工作稳定可靠。

2. 防爆标志及适用范围

防爆标志 dⅡBT4、iaⅡCT4，适用于Ⅱ级以下，引燃温度 T4 以上，含爆炸性气体场合的温度测量。

3. 爆炸性混合物分组举例（见表 7-6）

表 7-6　爆炸性混合物分组举例

柔和级	引燃温度/℃ 与组别					
	T1	T2	T3	T4	T5	T6
	$T>450$	$450≥T>300$	$300≥T>200$	$200≥T>135$	$135≥T>100$	$100≥T>85$
ⅡA	乙烷、丙烷、丙酮、苯乙烯、甲苯、苯、苯氨、一氧化碳、二甲苯、乙酸	丁烷、乙醇、丙烯、丁醇、乙酸乙酯、丙醇、氯乙烯	戊烷、乙烷、葵烷、庚烷、辛烷、汽油、环已烷	乙醛		亚硝酸乙酯
ⅡB	焦炉煤气、环丙烷	环氧乙烷、乙烯、1,3 丁二烯	硫化氢			
ⅡC	水煤气、氢	乙炔			二氧化碳	

7.3　物位计

7.3.1　ULM-SY21A1 系列超高频微波物位计

1. 产品概述

随着世界工业自动化水平的提高，微波物位计已被广泛的认知。它是通过发射和接收电磁波的方法进行物位测量的。但由于各个公司的研发能力和实力的原因，微波物位计在实际应用中仍有许多工况环境无法使用。

如图 7-3 所示，ULM-SY21A1 系列超高频微波物位计恰恰填补了复杂工况微波应用的空白。目前市场上多使用脉冲雷达物位计，它是利用回波和发射波之间的时差来测量物位的。而超高频连续波（FM-CW）微波（简称超高频微波）物位计是检测回波和发射波之间的频率变化，再将其转换成时差来测量物位的。二者有着本质的区别。超高频微波物位计可以连续发射测量，从使用效果来看，超高频微波测量更精确，响应更快，穿透粉尘、蒸汽的能力大大提高。

图 7-3　超高频微波物位计

2. 主要性能及特点

（1）超高频技术：采用超高频连续波技术进行测量；采用目前世界最高频率 135GHz，量程达到 150m。

（2）超高精度：4°波度角，最大误差只有 1mm。

（3）超高温度：可测量介质温度 1800℃以上。

（4）无天线设计：采用平板天线设计有众多优点。

（5）应用范围广：可应用于各个行业。

（6）优秀的通信和组态：具有蓝牙功能，智能手机或平板电脑通过蓝牙连接雷达，实现对雷达的设置并获得远程调试信息。

7.3.2 SYLW3X 系列导波雷达物位计

1. 产品概述

SYLW3X 系列导波雷达物位计是采用微波技术来检测料位的高科技产品，该料位仪利用微波具有穿透性好、对恶劣环境及被测物料适应性强等特点，采用世界上先进的大规模集成电路，利用雷达原理、数字信号处理技术和快速傅里叶变换（FFT）技术，采用连续式乍动测量，能测量液体、固体（块状、粉状）料位，具有测距远（35m）、精度高等特点。

如图 7-4 所示，SYLW3X 系列导波雷达物位计具有低维护、高性能、高精度、高可靠性、使用寿命长等优点，与电容、重锤等接触式仪表相比较，具有无可比拟的优越性。微波信号的传输不受大气的影响，所以它可以满足工艺过程中挥发性气体、高温、高压、蒸汽、真空及高粉尘等恶劣环境的要求，可对不同料位进行连续测量。该仪器主要技术指标达到或优于国内外同类产品，且安装调试简便，可以单台使用，也可组网使用，可广泛应用于冶金、建材、能源、石化、水利、粮食等行业。

图 7-4 导波雷达物位计

2. 主要技术参数

（1）工作频率：100MHz～1.8GHz。

（2）测量范围：缆式为 0～35m，杆式、同轴式为 0～6m。

（3）重复性：±3mm。

（4）分辨力：1mm。

（5）采样：回波采样 54 次/s。

（6）响应速度：>0.2s（根据具体使用情况而定）。

（7）精度：<0.1%。

（8）输出电流信号：4～20mA。

（9）通信接口：HART 通信协议。

（10）过程连接：G1-1/2、G3/4；法兰：DN50、DN80、DN100、DN150。

（11）过程压力：-1～60bar（1bar＝10^5Pa）。

（12）电源：DC 24V（±10%）；纹波电压：1V_{pp}。

（13）电源最大输出电流：22.5mA。

（14）环境条件：温度为-40～+250℃。

（15）外壳防护等级：IP68。

（16）防爆等级：EXiaIICT6。

（17）二线制接线：仪表供电和信号输出共用一根两芯电缆。

（18）电缆入口：M20×1.5（电缆直径为 5～9mm）。

7.3.3 Level-Ease 智能开关式射频导纳物位计

1. 产品概述

如图 7-5 所示，Level-Ease 是一套有独特创意和适用面广的高度智能化物位控制仪表，它是在智能射频料位仪的技术基础上研制出来的，能够克服以往传统的测量方式对精度的影响和复杂的调校步骤给用户带来的烦恼。本系列物位计测量精度高、免维护、使用成本低，广泛应用于石化、食品、冶金、电力、矿业、水利、制药等领域。

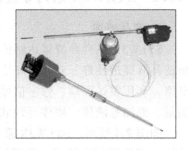

图 7-5　开关式射频导纳物位计

2. 工作原理

本产品引进加拿大 ARJAY 工程公司的 Level-Ease 射频导纳测量技术，并采用加拿大 ARJAY 工程公司的核心组件，装在探头盒里的脉冲卡（PMC）把容器内的物位变化量转换成高分辨率的脉冲信号，脉冲信号可通过一根双芯的屏蔽电缆传送到控制器，远可达到 1km，脉冲信号经微控制器处理分析后输出报警动作。仪表通过按钮设定报警点，并将设定的报警值长期存储在 E^2PROM 中。如需改变报警点，只须重新按动一次设定按钮即可。

3. 主要性能及特点

采用射频导纳测量及微控制器技术，几乎可以检测所有物料，包括固体和液体、导电介质、腐蚀和黏稠介质等。以往的产品一般针对不同物料需进行灵敏度调节，而本系列产品对任何一种物料都不需要调整灵敏度，却能保证良好的测量精度。

采用先进的数据存储技术，断电后参数不丢失，数据可保存长达十年。全密封结构，无任何机械运动部件和调整电位器，具有极高的可靠性。能克服探头上黏附层及物料喷溅对测量的影响，不会产生误动作。只需按动一次设定按钮，即可完成报警点的设定，操作简便，而且报警方式可根据需要灵活设置。

4. 技术参数

（1）控制单元部分：

1）环境温度：-30~70℃；

2）环境湿度：≤95%RH；

3）工作方式：位式；

4）电源：AC 220V 或 DC 24V；

5）功耗：<2V·A；

6）继电器触点容量：3A、220V，3A、24V。

（2）探杆部分：

1）过程温度：-100~200℃，更高温度可以定制；

2）过程压力：-0.1~10MPa；

3）探头长度：10~300cm；

4）探头形式：刚性、同轴或柔性。

5. 安装说明

物位计安装时应根据探杆的不同形式及工况要求采用顶部安装或仓壁侧面安装方式。顶部安装物位计时，应选择能避开进料时物料冲击的位置安装，距仓壁距离应大于 200mm。侧面安装物位计时，探杆应向下倾斜 20°~30°，以免探杆严重挂料。拆装物位计时，应注意不能用手抱住壳体拧动，应使用扳手拧动六角头螺栓。

7.3.4　SY-CDQLS23001型干熄焦炉红焦高温料位计

1. 产品概述

如图 7-6 所示，SY-CDQLS23001 型干熄焦炉红焦高温料位计由检测电路、测量探头、连接电缆、安装法兰四部分组成，能用于多种场合的料位测量。由于仪表测量探头采用盘式传感元件，提高了测量的可靠性。整个测量探头采用特殊材料制成，能承受 1200℃ 的高温，典型的应用实例是干熄焦炉红焦料位的测量。

图 7-6　高温料位计

2. 测量原理

将测量探头安装在料仓的仓壁上，探头与仓壁相对形成了一个电容场，探头为正极，仓壁为负极，料位的上下变化使两极之间的电容量产生增或减。当料位到达探头位置时，电容量为最大值，检测电路中的继电器动作，输出一个开关信号，表明料位已达到的位置。

3. 主要技术参数

(1) 适用范围：粉体、红焦碳。

(2) 探头耐温：≤1200℃。

(3) 供电电源：AC 220V（50/60Hz）或 DC 24V（可选）。

(4) 输出：继电器触点 3A、250V/50Hz。

(5) 延迟时间：0～18s 可调。

(6) 连接电缆：3～10m。

(7) 静电火花防护：特有的静电消除功能。

(8) 外壳防护：符合 IP67 标准。

7.3.5　LHDG700系列电感式液位变送器

1. 产品概述

如图 7-7 所示，LHDG700 系列电感式液位变送器是吸取国外同类产品的技术精华研制而成的新型液位测量仪表。它可将各种物位、液位介质参数的变化转换成标准电流信号，远传至操作控制室，供二次仪表或计算机装置进行集中显示、报警或自动控制。其良好的结构及安装方式，适用于高温、高压、强腐蚀、易结晶等特殊条件下的液位、料位、物位的连续测量，广泛应用于电力、冶金、化工、食品、制药等行业。

2. 主要性能及特点

(1) 结构紧凑，体积小，安装维护简单，统一外形尺寸。

(2) 多种信号输出形式，方便不同系统配置。

(3) 聚四氟乙烯探极，耐酸、碱等强腐蚀性液体及高温。

(4) 浸入液体的测量部分，只有一条四氟软线或四氟棒式探极作为传感元件，可靠性高。

(5) 全密封铝合金外壳及不锈钢连接件。

(6) 对高温压力容器与测量常温常压一样简单，且测量值不

图 7-7　电感式液位变送器

受被测液体的温度、密度及容器的形状、压力影响。

（7）测量、输出两端和测量、输出、电源三端隔离器多种电路结构方式，自带隔离器，适应不同信号接地方式。

（8）完善的过电流、过电压、电源极性保护。

3. 主要技术参数

（1）测量范围：0.2~20m。

（2）精度：0.2级、0.5级、1.0级。

（3）探极耐温：−40~+250℃。

（4）允许容器压力：−0.1~2.5MPa。

（5）测量介质：电导率不低于 10^{-3} S/m 的酸、碱、水等非结晶导电液体。

（6）供电电源：DC 12~35V（隔离式为 DC 21~27V）。

（7）工作电流：（输出 20mA 时）非隔离二线、三线制为 20mA；两端隔离三线制：<32mA；三端隔离四线制：<35mA。

（8）输出信号：4~20mA（0~10mA，0~20mA）。

（9）输出保护：27mA。

（10）测量、输出、电源之间隔离耐压：1000V。

7.3.6　SYCW 系列超声波物（液）位仪

1. 产品概述

如图 7-8 所示，SYCW 系列超声波物（液）位仪是一种智能型非接触式物（液）位测量仪表。该产品具有自动功率调整、增益控制、温度补偿等功能，采用先进的检测技术和计算技术提高测量精度，对干扰回波有抑制作用，保证测量结果的真实，可广泛用于各种液体的液位和固体的物位测量，也可用于距离的测量。

2. 工作原理

将超声波传感器安装在容器的顶部，在微处理器的控制下，发射和接收超声波，并由超声波在空中的传播时间 t 来计算超声传感器与被测物之间的距离 S。由于声波在空中传播的速度 c 是一定的，则根据 $S=ct/2$ 可计算出 S，又因为超声波传感器与容器底部的距离 H 是一定的，则被测物的物（液）位 $h=H-S$。

图 7-8　超声波物位仪

3. SYCW200 超声波物（液）位仪的主要技术参数

（1）电源：DC 24V（24~30V）。

（2）输出：4~20mA（二线制）。

（3）量程：0~15m。

（4）盲区：0.3~0.6m。

（5）分辨力：量程<10m，1mm；量程≥10m，1cm。

4. SYCW500 超声波物（液）位仪的主要技术参数

（1）电源：DC 24V、AC 220V。

（2）输出：4~20mA、RS485。

（3）量程：0~20m。

（4）盲区：0.3~0.6m。

（5）精度：0.25%、0.5%。

（6）环境温度：−25~55℃。

（7）防护等级：IP65。

（8）分辨力：量程<10m，1mm；量程≥10m，1cm。

（9）显示方式：4位LED。

7.4 流量计

7.4.1 SY-FLU2000 超声波流量计

1. 产品概述

如图7-9所示，SY-FLU2000超声波流量计采用TI公司的MSP430FG4618低功耗单片机，是最新开发的一种通用型高性能、低价格、高可靠性、功能强大的超声波流量计。该产品采用低电压多脉冲平衡发射、接收的专利技术，使其更能适应工业环境中的变频干扰，从而稳定、正确的工作。

2. 主要性能及特点

（1）测量线性度优于0.5%，重复性精度优于0.2%，高达40ps的时差测量分辨力，使测量精度达到±1%。

（2）每个测量周期中128次数据采集辅助以最新研发的流量计时差分析软件，性能优异，显示数据更稳定、准确、线形度更好。

（3）隔离型RS485双接口，流量计与二次仪表之间可通过RS485总线通信，传输距离千米以上。

图 7-9　超声波流量计

（4）带有三路精度0.1%的模拟输入接口，可连接温度、压力等信号。一路4~20mA模拟输出可作为流量/热量变送器，二路三线制Pt100电阻信号输入可作为热量表，三路4~20mA模拟输入可作为数据采集器。

（5）带有双路隔离型可编程OCT输出，用于输出累计脉冲、工作状态等。

（6）污水管道测量效果好，可以对绝大多数污水管道进行稳定可靠测量。

（7）超声波传感器可以选择外夹式、插入式、管段式，还可以支持任意角度安装的水表传感器，包括平行双插入传感器。

（8）具有一个双向串行外设通用接口，可以直接通过串联的形式连接多个诸如4~20mA模拟输出板、频率信号输出板、热敏打印机、数据记录仪等外部设备。

（9）流量计工作用参数可固化到机内Flash存储器中，不会发生参数丢失的问题。

（10）硬件模块化设计，由主板模块、4~20mA输出模块、脉冲输出模块、打印机模块、并口键盘显示模块、串口键盘显示模块等组成，用户可根据需要选择。

（11）MODBUS协议、MBUS协议、FUJI扩展协议、简易水表协议等不同的软件通信协议供用户选用。推荐的协议是MODBUS-RTU或MODBUS-ASCII。

（12）日累积可记录前 64 天，月累积前 24 个月（2 年），并且增加了年月日记录内容。年月日累积数据都可以通过 MODBUS 协议读出。

（13）单一 24V（使用 DC 8～36V）直流电源工作，工作电流小于 50 mA。

3. 测量原理

当超声波束在液体中传播时，液体的流动将使传播时间产生微小变化，其传播时间的变化正比于液体的流速。零流量时，两个传感器发射和接收声波所需的时间完全相同（唯一可实际测量零流量的技术）；液体流动时，逆流方向的声波传输时间大于顺流方向的声波传输时间。

4. 主要技术参数（见表 7-7）

表 7-7　超声波流量计的主要技术参数

项目		性能、参数			
主机	原理	时差型，采用低电压多脉冲发射电路，双平衡信号差分接收电路			
	精度	流量:优于±1% 热量:优于±2%	重复性:0.2%		测量周期:500ms
	背光液晶可同时显示瞬时流量及累积流量、瞬时热量和累积热量、流速、时间等数据				
	信号输出	电流输出:4～20mA 或 0～20mA,阻抗 0～1kΩ,精度 0.1%			
		OCT 输出:正、负、净流量或热量累计脉冲信号或瞬时流量的频率信号(1～9999Hz 之间任选)			
		继电器:可输出近 20 种源信号(如无信号、反向流等)			
		声音报警:蜂鸣器可根据设置发出报警声音(如流量过大、过小)			
	信号输入	可输入三路电流信号(如温度、压力、液位等信号)			
		可连接三线制 Pt100 铂电阻,实现热量测量			
	自动记忆前 64 日、64 月、前 5 年的流量或热量数据				
	自动记忆前 64 次来电和断电时间及流量可进行人工或自动补量,减少用户流量或热量损失				
	自动记忆前 64 日流量计的工作状态是否正常				
	数据接口 RS232、RS485				
	可编程定量(批量)控制器				
专用电缆	定制双绞线,一般情况下限于 20m,特定场合单根可加长至 500m,不推荐;选用 RS485 通信,传输距离可达千米以上				
管道情况	管材	钢、不锈钢、铸铁、PVC、铜、铝、水泥管等一切质密的管道,允许有衬里			
	管内径	15～6000mm			
	直管段	传感器安装点最好满足:上游 10D,下游 5D,距泵出口 30D(D 指管径)			
测量介质	种类	水、海水、工业污水、酸碱液、酒精、啤酒、各种油类等能传导超声波的单一均匀的液体			
	温度	标准传感器:温度－30～90℃;高温传感器:－30～160℃			
	浊度	浊度≤0.01,且气泡含量小			
	流速	0～±30m/s			
	流向	正、反向双向计量,并可以计量净流量或热量			
工作环境	温度	主机:－30～80℃			
		流量传感器:－40～160℃;温度传感器:根据客户需求选定			
	湿度	主机:85%RH			
		流量传感器:可浸水工作,水深≤3m			
电源	AC 220V 或 DC 8～36V 或 AC 7～30V				
功耗	小于 1.5W	通信协议	MODBUS 协议、MBUS 协议、FUJI 扩展协议、简易水表协议、兼容其他厂家协议		

7.4.2　LD 系列电磁流量计

1. 产品概述

如图 7-10 所示，LD 系列电磁流量计由传感器和转换器两部分构成。它是基于法拉第电磁感应定律工作的，用来测量电导率大于 5μS/cm 导电液体的体积流量，是一种测量导电介质体积流量的感应式仪表。除可测量一般导电液体的体积流量外，还可用于测量强酸、强碱等强腐蚀液体和泥浆、矿浆、纸浆等均匀的液固两相悬浮液体的体积流量，广泛应用于石油、化工、冶金、轻纺、造纸、环保、食品等工业部门及市政管理、水利建设、河流疏浚等领域的流量计量。

图 7-10　LD 系列电磁流量计

2. 主要性能及特点

（1）测量管内无阻流件，压力损失为零，不易堵塞。

（2）只要合理选用电极及衬里材料，即可达到耐腐蚀、耐磨损的要求。

（3）测量结果与液体的压力、温度、密度、粘度、电导率（不小于最低电导率）等物理参数基本无关，不受环境影响，所以测量精度高、工作稳定、可靠。

（4）采用现代模拟信号转换技术和高性能超大规模集成芯片，对信号进行隔离、滤波、放大及数字处理，可精确显示测量结果。

（5）具有测量值断电保护及过量程报警功能，可对传感器内流体的流向进行设置，因而传感器安装不受液体流动方向限制，可实现双向测流。

（6）采用带背光点阵式双排流量显示器，同时显示瞬时流量、累积流量，并能显示工作状态、参数、计量单位等。

（7）电磁流量计的量程范围宽（最大流量/最小流量），正常适用范围 20：1，一般 30：1 或更大。

（8）仪表配置有多种输出功能，可与计算机、单元组合仪表配套，可完成打印、通信和联网的要求。

3. 工作原理

电磁流量计是根据法拉第电磁感应定律进行流量测量的流量计。电磁流量计的优点是压损极小，可测流量范围大。当导体在磁场中做切割磁力线运动时，在导体中会产生感应电动势，感应电动势的大小与导体在磁场中的有效长度及导体在磁场中做垂直于磁场方向运动的速度成正比。同理，导电流体在磁场中做垂直方向流动而切割磁力线时，也会在管道两边的电极上产生感应电动势。

感应电动势的大小为

$$E = BDv$$

式中，E 为感应电动势（V）；B 为磁感应强度（T）；D 为管道内径（m）；v 为液体的平均流速（m/s）。

体积流量为

$$Q_V = Av = \frac{\pi D^2}{4} \times \frac{E}{BD} = \frac{\pi DE}{4B} \tag{7-1}$$

由式（7-1）可知，在管道直径 D 已定且保持磁感应强度 B 不变时，被测体积流量与感应电动势呈线性关系。若在管道两侧各插入一根电极，就可引入感应电动势 E，测量此电动势的大小，就可求得体积流量。传感器将感应电动势 E 作为流量信号，传送到转换器，经放大、变换、滤波等信号处理后，用带背光的点阵式液晶显示瞬时流量和累计流量。转换器有 4~20mA 输出、报警输出及频率输出，并设有 RS485 等通信接口，支持 HART 和 MODBUS 协议。

7.4.3 LUGB 系列涡街流量计

1. 产品概述

如图 7-11 所示，LUGB 系列涡街流量计主要用于工业管道流体介质的流量测量，如气体、液体、蒸汽等多种介质。插入式流量计在管道的插入口安装，球阀则可进行不断流装卸，以便在脏污介质中运行时定期清洗和维修。

本流量计采用压电应力式传感器，可靠性高，可在 −20~+250℃ 的温度范围内工作；有模拟标准信号和数字脉冲信号输出，易与计算机等数字系统配套使用，是一种比较先进的流量仪表。

2. 主要性能及特点

（1）输出信号不受流体的温度、压力、密度、成分等影响，并与流体流速成正比。

（2）感测元件不接触介质，可靠性高。

（3）无可动部件，结构简单、牢固。

（4）测量范围宽，精度高。

（5）压损小，节能显著。

3. 工作原理

在流体中垂直地插入一根柱状阻力体时，在其两侧就会交替

图 7-11　LUGB 系列
涡街流量计

地产生旋涡，随着流体向下游方向运动，形成旋涡列，称为卡曼涡街。产生涡街的阻力体称为旋涡发生体。实验证明，旋涡的频率与流速成正比，可用公式表示为

$$f = \frac{S_t v}{d} \tag{7-2}$$

式中，f 为旋涡频率（Hz）；v 为流过旋涡发生体的流体平均速度（m/s）；d 为旋涡发生体特征宽度（m）；S_t 为斯特劳哈尔数（Strouhal number），无量纲，它的数值范围为 0.14~0.27。

实验证明：当两列旋涡之间的距离 h 和同列两个旋涡之间的距离 L 满足 $L/h = 0.281$ 时，非对称旋涡列就能保持稳定状态。当流体雷诺数在 5000~150000 之间时，S_t 基本不变，所以 d 和 S_t 为定值时旋涡发生体的频率 f 与流体的平均流速成正比，即与体积流量 Q_V 成正比而与压力、温度、密度等参数无关。

当旋涡在柱体两侧产生时，传感器受到与流向垂直的交变升力的作用感生信号，升力的变化频率是旋涡频率，传感器将信号送转换器放大、整形后得到与流速成线性比例的脉冲信号直接输出或将其转换成 4~20mA 标准信号输出。

体积流量 Q_V 与频率 f 的关系为

$$Q_V = Av = A\frac{fd}{S_t} \tag{7-3}$$

7.4.4 YRTGY 涡轮流量计

1. 产品概述

如图 7-12 所示，YRTGY 涡轮流量计由涡轮流量传感器与显示仪表组成。它采用德国 Honsberg（豪斯派克）先进技术，是液体计量最理想的流量计之一。该流量计具有结构简单、精确度高、安装维修使用方便等特点，广泛用于石油、化工、冶金、供水、造纸、环保、食品等领域，适用于测量封闭管道中与不锈钢 1Cr18Ni9Ti、2Cr13 及刚玉 Al_2O_3、硬质合金不起腐蚀作用，且无纤维、颗粒等杂质的液体。若与具有特殊功能的显示仪表配套使用，可以进行自动定量控制、超量报警等。

2. 主要性能及特点

（1）传感器为硬质合金轴承止推式，不仅保证精度，而且提高耐磨性能。

（2）结构简单、牢固且拆装方便。

（3）测量范围宽，下限流速低。

（4）压力损失小，重复性好，精确度高。

（5）具有较高的抗电磁干扰和抗振动能力。

图 7-12 YRTGY 涡轮流量计

3. 工作原理

流体流经传感器壳体，由于叶轮的叶片与流向有一定的角度，流体的冲力使叶片具有转动力矩，克服摩擦力矩和流体阻力之后叶片旋转，在力矩平衡后转速稳定，在一定的条件下，转速与流速成正比。由于叶片有导磁性，且处于信号检测器（由永久磁钢和线圈组成）的磁场中，旋转的叶片切割磁力线，周期性地改变着线圈的磁通量，从而使线圈两端感应出电脉冲信号，此信号经过放大器的放大、整形，形成有一定幅度的连续矩形脉冲波，可远传至显示仪表，显示出流体的瞬时流量和累计量。在一定的流量范围内，脉冲频率 f 与流经传感器的流体的瞬时流量 Q 成正比。流量方程为

$$Q = 3600\frac{f}{k}$$

式中，f 为脉冲频率（Hz）；k 为传感器的仪表系数（$1/m^3$），由校验单给出；Q 为流体的瞬时流量（工作状态下）（m^3/h）；3600 为换算系数。

每台传感器的仪表系数由制造厂填写在检定证书中，k 值设入配套的显示仪表中，便可显示出瞬时流量和累积总量。

4. 主要技术参数

（1）公称通径：4~200mm。

（2）介质温度：-20~80℃；分体型为-20~120℃。

（3）环境温度：-20~55℃。

（4）准确度：±0.5%。

（5）信号传输线制：三线制电压脉冲（三芯屏蔽电缆）。

（6）供电电源：电压 12V±0.144V，电流≤10mA。

（7）输出电压幅值：高电平≥8V，低电平≤0.8V。

（8）传输距离：传感器至显示仪表的距离可达 1000m。

（9）现场显示型供电电源：3.6V（锂电池供电，可连续使用 3 年以上）。

（10）显示方式：现场液晶显示瞬时流量和累计流量。

7.4.5 SYLWQ 系列气体涡轮流量计

1. 产品概述

如图 7-13 所示，SYLWQ 系列气体涡轮流量计是吸收了国内外流量仪表先进技术经过优化设计，并综合了气体力学、流体力学、电磁学等理论，而自行研制开发的集温度、压力、流量传感器和智能流量积算仪于一体的新一代高精度、高可靠性的气体精密计量仪表。它具有出色的低压和高压计量性能、多种信号输出方式以及对流体扰动低敏感性，广泛适用于天然气、煤制气、液化气、轻烃气等气体的计量。

2. 主要性能及特点

（1）采用新型传感器，始动流量低、压力损失小、抗振与抗脉动流性能好、不易腐蚀、可靠性好、使用寿命长。

（2）采用新型微处理器与高性能的集成芯片，运算精度高，整机功能强大，性能优越。

图 7-13 SYLWQ 涡轮流量计

（3）采用先进的微功耗高新技术，整机功耗低，既能用内电池长期供电运行，又可由外电源供电运行。

（4）按流量频率信号，可将仪表系数分八段自动进行线性修正，可根据用户需要提高仪表的计算精度。

（5）采用 E^2PROM 数据存储技术，具备历史数据的存储与查询功能，三种历史数据记录方式可供用户选择。

（6）流量计表头可 180° 旋转，安装使用简单方便。

（7）高精确度，一般可达±1.0%。

（8）重复性好，短期重复性可达 0.05%~0.2%。

7.4.6 SYB 靶式智能流量计

1. 产品概述

如图 7-14 所示，SYB 靶式智能流量计采用了最新型电容式力传感器作为测量和敏感传递元件，同时应用了最新数字技术和微电子技术，是一款适用于高粘度、低雷诺数及含有微小颗粒的流体和气体测量的智能流量计。采用电容式力传感器是该产品真正实现高精度、高稳定性的关键所在。靶式智能流量计既具有传统孔板、涡街等流量计无可动部件的特点，同时又具有与容积式流量计相媲美的测量准确度，加之其特有的抗干扰、抗杂质性能，除能替代常规流量计及常规流体流量测量外，尤其在高粘度、易堵卡、高温、高压、强腐蚀等流量计量困难的工况中具有很好的应用价值，目前已广泛应用于钢铁、石油、天然气、电力、造纸、化工、能源、食品、环保等各个领域的流量测量。

2. 适用范围

（1）适用于各种公称直径：DN15～DN2000mm。

（2）适用于高、低温介质：-50～+260℃。

（3）适用于低、中、高压力工况：0～42MPa。

图 7-14　SYB 靶式智能
流量计

3. 产品特点

（1）无可动部件，密封面减少，大大降低泄漏率，便于安装和日常维护。

（2）测量范围宽，最大测量范围可达 20∶1（液体）或 10∶1（气体）。

（3）计量准确、精度高，法兰式可达 0.2%（液体）或 0.5%（气体）。

（4）分辨力极高，能测量超小流量，其可测量低流速为 0.08m/s。

（5）重复性好，一般为 0.05%～0.08%。

（6）压力损失小，小口径仅为标准孔板的 $1/2\Delta p$ 左右；DN100 口径以上压力损失开始大幅度减少。

（7）标定方便，除可采用标准装置检定外，还可采用干式标定方法，即采用砝码挂重法，单键操作即可完成标定。

（8）可根据实际需要更换阻流件而改变流量范围，在线可拆装插入式结构，可实现不停产、不断流维修或更换。

（9）低功耗电池现场显示，能在线直读示值，显示屏可同时读取瞬时流量、累计流量及百分比棒图，并可切换显示补偿温度及补偿压力示值。

（10）抗干扰、抗杂质能力特强。

（11）多种输出形式，能远传各种参数。

7.5　压力（差压）变送器

压力（差压）变送器如图 7-15 所示。

a)

b)

c)

图 7-15　压力（差压）变送器

7.5.1 LH 系列压力（差压）变送器

1. 产品概述

如图 7-15a 所示，LH 系列压力（差压）变送器选用进口高品质扩散硅式、陶瓷式压力传感器作为敏感元件，采用专用集成模块，经精细的温度、零点、满程和非线性补偿，实现对液体、气体、蒸汽等介质压力变化的准确测量和变送。

2. 主要特点

（1）专用 V/I 集成电路，外围器件少，可靠性高，维护简单，体积小，质量轻，安装调试极为方便。

（2）铝合金压铸外壳，三端隔离，静电喷塑保护层，坚固耐用。

（3）DC4～20mA 二线制信号传送，抗干扰能力强，传输距离远。

（4）LED、LCD、指针三种指示表头，现场读数十分方便，可用于测量粘稠、结晶和腐蚀性介质。

（5）高准确度，高稳定性。除进口原装传感器已用激光修正外，对整机在使用温度范围内的综合性温度漂移、非线性进行精细补偿，因此在使用温度范围内温度稳定性好、非线性小。

3. 物理性能

（1）隔离膜片：陶瓷、316 不锈钢；

（2）接触介质连接件：不锈钢；

（3）外壳：压铸铝合金；

（4）外壳喷涂：环氧树脂；

（5）过程连接方式：1/2NPT 外螺纹、M20×1.5 外螺纹、G1/2 外螺纹；

（6）电气连接：1/2 NPT；

（7）通信条件：HART，用多芯双绞线时，通信距离可达 1.5km。

4. LH401S 系列智能型压力变送器

（1）专用 HART 智能通信，性能更加优越；

（2）多种抗干扰模式，可安装于电磁信号复杂之场所；

（3）量程比宽：40∶1；

（4）准确度高：0.1 级、0.2 级。

5. LH316 精巧型压力（差压）变送器

（1）体积小，质量轻，可在狭窄位置安装使用；

（2）316L 不锈钢机电一体化结构，坚固耐用；

（3）集成化专用芯片，分立元件少，温度特性好；

（4）易操作，维护检修方便。

6. LH403 系列压力变送器

（1）采用开放式测量敏感元件设计，对粘稠及含固体的介质有较好适用性，不易堵塞；

（2）精选陶瓷电容传感器，抗腐蚀性能强；

（3）具有外螺纹、平法兰、锁母压旋式等过程连接，适用于不固定场所的安装需要；

（4）耐温能力强，介质温度可达 100℃。

7.5.2 LH-3851/1851GP 型压力含负压变送器

1. 产品概述

如图 7-15b 所示，LH-3851/1851GP 型压力含负压变送器主要用于测量液体、气体或蒸汽的液位、密度和压力，然后转变成 DC4~20mA 信号输出，可与 HART375 或 475 手操器相互通信，通过它进行设定、监控或与上位机组成现场监控系统。

2. 技术参数

（1）性能规格：

1）参考精度：智能型为 ±0.2% 校验量程，模拟型为 ±0.5% 校验量程。

2）稳定性：智能型为 6 个月内 ±0.1%URL，模拟型为 6 个月内 ±0.2%URL。

3）环境温度影响：零点误差为 ±0.2%URL/56℃，总体误差为 ±（0.2%URL+0.18% 校验量程）/56℃。

4）振动影响：在任意轴向上，200Hz 下振动影响为 ±0.05%URL/g。

5）电源影响：小于 ±0.005% 输出量程/V。

6）负载影响：没有负载影响，除非电源电压有变化。

7）电磁干扰/射频干扰（EMI/RFI）影响：由 20~1000MHz，场强达至 30V/MHz 时，输出漂移小于 ±0.1% 量程。

8）安装位置影响：零点漂移至多为 ±0.25kPa，所有的零点漂移都可修正掉，对量程无影响。

（2）功能规格：

1）测量范围：0~41370kPa。

2）零点与量程：数字、智能可用本机量程和零点按钮调整，或用 HART 手操器远程调整。

3）零点正、负迁移：零点负迁移时，量程下限必须大于或等于 -URL；零点正迁移时，量程上限必须小于或等于 +URL。校验量程必须大于或等于最小量程。

4）输出：数字、智能为 DC4~20mA，用户可选择线性或平方根输出。数字过程变量叠加在 4~20mA 信号上，可供采用 HART 协议的上位机使用。模拟、线性为 DC4~20mA，与过程压力成线性。

7.5.3 LH-3851/1851DR 型微差压变送器

1. 产品概述

LH-3851/1851DR 型微差压变送器是引进国外先进技术和设备生产的新型差压变送器，关键原材料、元器件和零部件均源自进口，整机经过严格组装和测试，该产品具有设计原理先进、品种规格齐全、安装使用简便等特点。由于该机型外观上完全融合了目前国内最为流行并被广泛使用的两种变送器（罗斯蒙特 3051 与横河 EJA）的结构优点，让使用者有耳目一新的感觉，同时与传统的 1151、CECC 等系列产品在安装上可直接替换，有很强的通用性和替代能力。为适合国内自动化水平的不断提高和发展，该系列微差压变送器除设计小巧精致外，更推出具有 HART 现场总线协议的智能化功能，如图 7-15c 所示。

2. 模拟型微差压变送器特点

（1）测量精度高，量程、零点外部连续可调。

（2）稳定性能好，正迁移可达 500%，负迁移可达 600%。

（3）二线制，阻尼可调、耐过电压。

（4）固体传感器设计，无机械可动部件，维修量少，质量轻（2.4kg）；全系列统一结构，互换性强，小型化（总高 166mm）。

（5）接触介质的膜片材料可选，单边抗过压强，低压浇铸铝合金壳体。

3. 智能型微差压变送器特点

（1）超级的测量性能，用于压力、差压、液位、流量测量。

（2）精度：微差压变送器的数字精度为±0.05%，微差压变送器的模拟精度为±0.75%±0.1%FS。

（3）稳定性：60 个月内 0.25%。

（4）量程比：100∶1。

（5）测量速率：0.2s。

（6）小型化（2.4kg）全不锈钢法兰，易于安装；过程连接与其他产品兼容。

（7）世界上唯一采用 H 合金护套的传感器（专利技术），实现了优良的冷、热稳定性。

（8）采用 16 位微处理器的智能变送器，标准输出 4～20mA，带有基于 HART 协议的数字信号，可远程操控。

自动化仪器仪表

本章主要内容来源于测控技术与仪器专业长期稳定的生产实习合作单位，重点介绍气体（粉尘）检测报警仪器仪表，压力、温度校验（标定）系统与仪表，压力发生装置，显示调节仪表，工业物联网常用智能无线网关、智能无线转换设备、智能无线传感器、智能无线执行机构等。本章内容可以作为测控专业深入生产企业一线进行自动化仪器仪表生产实习时的重要参考资料。通过本章学习和生产实习，学生可以了解各类工业自动化仪器仪表的应用领域、主要性能、工作原理和技术参数，有助于学生将来从事工业自动化系统设计时合理、正确地进行产品选型，培养学生工程意识和创新实践能力，能在工程实践中理解并遵守工程职业道德和规范。

8.1 气体检测仪表

气体检测仪如图 8-1 所示。

a)   b)   c)   d)

图 8-1 气体检测仪

8.1.1 SY-QT-2000NDIR 红外气体检测仪

1. 产品概述

如图 8-1a 所示，SY-QT-2000NDIR 型固定式（带现场显示声光报警）红外气体检测仪，采用进口的红外数字传感模块，基于先进的非分散红外（NDIR）技术，可检测 NH_3、CO、CH_4、CO_2、SO_2、C_2H_4 等气体。这种检测仪以无干扰、智能化为特征，简单的菜单式校准及模块化设计和组装，简化了安装、维护和调试；与外部系统进行通信有多种选择，包括 4~20mA、RS485 数据总线及 2 个继电器。这种独特的红外线气体检测仪经实践证明工作稳定可靠且所需的维护最少，广泛应用于石油、化工、冶金、矿业、消防、燃气、环保、电力、通信、造纸、印染、粮食储备、城市供水、污水处理、食品、酿造、科研、教育、国防等领域。

2. 工作原理

非分散红外（NDIR）技术是一种基于气体吸收理论的方法。红外光源发出的红外辐射经过一定浓度待测的气体吸收之后，与气体浓度成正比的光谱强度会发生变化，因此求出光谱光强的变化量就可以反演出待测气体的浓度。NH_3、CO、CH_4等气体在红外波段都有自己的特征吸收带，特征吸收带就如同指纹一样具有可鉴别性，通过在特征吸收带对红外能量的吸收，可以反映出气体浓度的大小。当红外能量经过高浓度的待测气体时，其特征吸收峰附近的红外能量会被全部吸收。而光通路上不存在待测气体时，红外辐射在其特征吸收峰处没有影响。因此，气体就可以看作是种可以吸收红外能量的滤波器。

3. 技术参数

（1）工作电源：DC 24V；

（2）信号输出：4~20mA 或 RS485；

（3）检测原理：NDIR；

（4）显示方式：LCD/LED 显示屏；

（5）检测方式：扩散式、泵吸式、管道式；

（6）报警方式：2 级声光报警；

（7）报警误差：≤±10%报警设定值；

（8）精度：±1%FS；

（9）工作温度：-10~50℃；

（10）分辨力：1%LEL、1%VOL；

（11）工作湿度：0~95%RH（无凝固）；

（12）预热时间：2min；

（13）响应时间：T90≤30s（大部分）；

（14）接点容量：AC 1A/120V 或 DC 1A/24V；

（15）重复性：≤±2%FS。

8.1.2 SY-QT-2000VOC 探测仪

1. 产品概述

如图 8-1b 所示，SY-QT-2000 系列工业固定式 VOC 探测仪通过对大气中 VOC 气体进行连续在线检测及声光报警，不仅对特殊场合气体浓度起到控制作用，对危险现场气体泄漏更有预警作用，及时保护各种现场的生命以及财产安全，广泛应用于石油、化工、冶金、消防、煤矿、电力、船舶、环保、电信、医疗等行业。该工业固定式 VOC 探测仪采用进口传感器结合高速、高精度处理电路，具有信号稳定、精确度高、重复性好等优点，并且采用防爆设计，适用于各种危险场合。仪器输出各种标准信号，可以兼容各种报警系统、PLC、DCS 等控制系统。

2. 技术参数

（1）检测气体：VOC；

（2）检测原理：PID 光离子；

（3）安装方式：壁挂式、管道式、泵吸式；

（4）量程：0~0.01；

（5）分辨力：0.1×10⁻⁶；

（6）精度：±1%FS；

（7）重复性：≤±1%；

（8）零点漂移：≤±1%（FS/年）；

（9）响应时间：T90≤30s；

（10）恢复时间：≤60s；

（11）防爆标志：Exd II CT6；

（12）连接螺纹：G 3/4 或者根据客户具体需求；

（13）信号输出：三线制 4~20mA 标准电流，RS485 信号输出（可选），2 路继电器DC 2A/30V；

（14）最大传输距离：1100m（2.5mm² 铜芯电缆）；

（15）工作温度：-20~+50℃ ；

（16）相对湿度：10%~95%RH；

（17）电源：DC 24V（DC 12~30V）；

（18）尺寸：125mm×106mm×153mm；

（19）质量：约 1.5kg；

（20）报警方式：声光报警。

3. 主要优点

（1）超精准检测，微量气体泄漏精准联动控制报警；

（2）通用快捷信号输出接口，工业 4~20mA 信号，通用 RS485 信号（标准 MODBUS 协议）；

（3）防爆外壳设计 CT6 防爆级别，低功耗主板设计，方便快捷按键操作，高清数码管显示。

（4）采用高精度、长寿命进口 PID 光离子传感器；

（5）全量程范围温度数字自动跟踪补偿，保证测量准确性；

（6）软件自动校准；

（7）独立气室结构，响应迅速，长期稳定性好；

（8）具备数据恢复功能，无须担心操作失误。

8.1.3 泵吸便携式可燃气体检测报警仪

1. 产品概述

如图 8-1c 所示，泵吸便携式可燃气体检测报警仪是一款可连续快速监测周围环境中或密闭空间中特定气体浓度的设备。无论是仪器所使用的传感器还是电路芯片，都来自原装进口一流品牌，从选型到测试、到成品，都经过了严格的审核工序。仪器具有响应速度快、测量精度高、稳定性和重复性好等优点，整机性能居国内领先水平。

2. 主要性能及特点

（1）采用原装进口高精度传感器；

（2）液晶点阵显示技术，可同时显示气体种类、气体单位、测量最大值、当地时间、环境温度等；

（3）支持中英文操作界面，切换简单方便；

（4）气体浓度单位为 mg/m^3、%VOL，可快速切换显示；

（5）带数据存储功能，存储间隔时间可调（选配）；

（6）USB 接口高速数据传输，可下载打印数据（选配）；

（7）内置微型采样泵，泵的速度有 10 个档位可调；

（8）防爆电路设计，防爆等级为 ExiaIICT4；

（9）一键恢复功能，可免去误操作的困扰；

（10）采用高强度 ABS 工程塑料，防水、防滑、防尘、防爆。

8.1.4 CCZ-1000 全自动粉尘检测仪

1. 产品概述

如图 8-1d 所示，CCZ-1000 全自动粉尘检测仪是根据 MT/T 163—1997《直读式粉尘浓度测量仪表通用技术条件》设计制造的一种用于测定环境空气中粉尘浓度的仪器。它由中文显示屏、高性能抽气泵、粉尘浓度检测电路、欠电压保护显示和电源组成，适用于矿山冶金、化工制造、疾控中心、卫生监督、安监局、环监站在线监测或突发应急检测煤尘和其他粉尘浓度。

2. 主要优点

（1）采用先进的微处理器，可对采集的各种数据快速处理，抗干扰能力强，大大提高了仪器的检测精度，同时能按时序储存 50 次测试记录。

（2）配有分级粉尘捕集器，能采集到呼吸性粉尘浓度，其分离效率符合国际公认的 BMRC 曲线标准。

（3）采用自动采样或手动采样的方式，以适应不同的检测标准。

（4）采用 ExibI（150℃）等级安全型防爆结构，特别适用于煤矿井下及其他含有爆炸危险性气体的作业场所使用。

3. 主要技术指标（见表 8-1）

表 8-1　CCZ-1000 全自动粉尘检测仪的主要技术指标

项　　目	指　　标
测定仪粉尘浓度测量范围	$0 \sim 1000mg/m^3$
测定仪粉尘浓度测量误差	<10%
测定仪稳定性相对误差	±2.5%
采样范围	呼吸性粉尘、全尘
采样流量	2L/min
采样流量误差	<2.5%
外形尺寸	220mm×150mm×82mm
仪器重量	1.5kg

8.2 校验（标定）仪表

8.2.1 HG2000 压力仪表自动校验系统

1. 产品概述

如图 8-2 所示，HG2000 压力仪表自动校验系统是江苏苏仪集团综合国内外各种压力校验设备的优点，推出的对压力仪表实现全自动检测、校验、数据处理以及自动生成检定证书等功能的计算机压力自动校验系统。本系统装置主要包括电动气压（真空）压力自动发生、调节系统和电动液压压力自动发生、调节系统；标准压力信号输出，变送器电流测量，压力表自动读数摄像图像采集数据处理系统；压力表、变送器数据报表自动处理及其显示系统。它充分发挥了工控机的软硬件资源，采用先进的工控模板，实现高精度压力测量和控制。

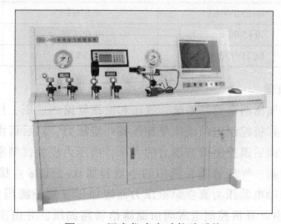

图 8-2 压力仪表自动校验系统

2. 执行规程

（1）JJG 49—2013 弹簧元件式精密压力表和真空表检定规程；

（2）JJG 882—2004 压力变送器检定规程；

（3）JJG 544—2011 压力控制器；

（4）JJG 875—2005 数字压力计检定规程；

（5）JJG 971—2005 液位计检定规程。

3. 性能指标

（1）电动气压源：电动造压范围为 $-95 \sim 1000$ kPa，压力连续可调。

（2）电动液压源：电动造压，介质为变压器油，造压范围为 $0 \sim 60$ MPa，压力连续可调。

（3）气压测量单元：

1）压力测量：$-95 \sim 600$ kPa，精度 0.05% FS；

2）电流测量：$0 \sim 25$ mA，精度 0.05% FS；

3）频率测量：$0 \sim 50$ kHz，精度 0.05% FS（选项）；

4）计算机显示器与压力校验仪显示测试数据，可同时显示压力值以及被校变送器的电流值。

（4）液压压力测量单元：0~80MPa，精度 0.05%FS，其余指标同气压测量部分。

（5）压力表自动读数精度：对常规压力表，每个压力点的识别精度可以达到刻度线分度值的 1/20，但对压力表刻度线超过 200 条时识别精度不大于刻度线分度值的 1/10，而人眼读数精度最多为刻度线分度值的 1/5。

（6）高精度压力模块及配置单元见表 8-2。

表 8-2　高精度压力模块及配置单元

配置单元	技术指标	精度	备　注
气压真空	-98~0kPa	0.05%FS	系统标准配置共 5 个模块，量程段任选，可任意选配压力模块
气压压力	0~25kPa	0.05%FS	
	0~600kPa	0.05%FS	
液压压力	0~6MPa	0.05%FS	
	0~40(60)MPa	0.05%FS	
电流测量	0~25.000mA	0.05%FS	供校验变送器用
频率测量	0~50kHz	0.05%FS	供校验变送器用（选项）
电源输出	DC24V/30mA	0.5%FS	供校验变送器用

4. 自动造压稳压原理

本系统共有液压和气压两套管路系统，气压和液压管路的造压、控制原理是一样的。液压管路造压首先是由计算机控制电动液压泵加压到一定压力，然后再由计算机控制步进电动机的运转推动活塞前进或后退控制调节压力的大小，由压力校验仪精密测量压力，并将数据送给计算机实现精确控制。气压管路系统中的小量程如 0~25kPa 直接由计算机控制活塞造压，大于 25kPa 时，起动电动压力真空泵给压力储罐加压（当储罐压力达到开始设定值时，泵自动停止工作），再由计算机控制电磁阀由储罐给管路加压，并由步进电动机的运转推动活塞配合控制精密造压。

5. 压力表自动读数原理

本系统最新研制开发了压力表自动读数功能，它采用了当代最新数字图像识别技术加上原有的压力控制技术，使压力表的检定实现全过程自动化。

在校验压力表时，先通过摄像机将压力表的图像摄下来，再通过图形采集卡传输给计算机，接着由计算机进行图像分析、数据处理得出压力表指针的位置，最后根据压力表的量程和缩格值计算出压力表的示值。对常规压力表来说，每个压力点的识别精度可以达到刻度线分度值的 1/20，但对精密压力表刻度线数超过 200 条时识别精度只有刻度线分度值的 1/10，而人眼读数精度最多为刻度线分度值的 1/5。对较粗的指针采取识别几何中心线的方法，精度较高，但如果压力表指针扭曲变形会影响读数的精度。

8.2.2　HG2000-RZJ 热工全自动检定系统

1. 产品概述

如图 8-3 所示，HG2000-RZJ 型 6.20 版热工全自动检定系统是江苏苏仪集团开发研制的第三代热工自动检定产品之一。它是在 Windows 环境下开发出的新一代产品，是以高档微机为核心，配以高精度进口数字万用表，以及低电势扫描开关、功率调节器等构成的测控系统。操作者可在中文 Win98/Win2000/WinXP 操作系统下方便地用鼠标进行全过程的操作，微机系统实时显示检定炉（或油槽、水槽等）的控温曲线、温度及检定时间等参数。系统完全按照现行国家计量检定规程进行数据处理，并能打印各种记录表格、检定证书，还可保留原始记录以备将来查阅。系统完全实现了热电偶和热电阻检定过程的全部自动化，即自动控温、自动检定、自动数据处理、自动打印检定结果，使操作者的劳动强度大大降低，并提高了检定的工作质量。本装置还提供了该系统的认证程序以及数据文件管理程序，为操作者对系统的认证和检定结果的归档、检索和查询提供了方便。

2. 主要性能及特点

（1）先进的操作方式：使用 Windows 软件编程，完全在 Win98/Win2000/WinXP 操作平台下运行；完全符合 Windows 环境的操作习惯，视窗界面，下拉式菜单，使用鼠标选择输入参数和进行过程操作，功能强大，使用方便、灵活、快捷。

（2）自动化程度高：检定过程连续自动控温、自动检定、自动进行数据处理、自动打印各种检定记录和检定证书。

（3）高精度、高分辨力：选用先进的六位半高精度进口数字万用表，准确度达

图 8-3 热工全自动检定系统

0.005%，分辨力为 0.1μV、0.1mΩ。检测过程中进一步对采样数据进行数字滤波和坏值剔除。

（4）显示直观：在检定过程中显示器实时显示检定炉（或油槽、水槽等）的温度变化曲线、检定炉（油槽、水槽）温度、检定点温度、检定进程、冷端温度、控温偶的毫伏值（控温热电阻的电阻值）和检定时间。

（5）功能齐全、配置灵活：可以检定各种分度号的廉金属热电偶和Ⅱ级贵金属热电偶以及各种分度号的热电阻，可以检定二线制（四线制）和三线制热电阻，可以对热电阻在同一个温度点进行多批检定；可在不同时间分别检定0℃点和100℃点，程序自动整理合成报表，更切合热电阻检定的实际状况，可有效地提高工作效率。

3. 主要技术指标

（1）扫描开关寄生电动势：≤0.4μV；

（2）分辨力：最高电动势测量分辨力为0.1μV，最高电阻测量分辨力为0.1mΩ；

（3）准确度：电势测量不确定度≤0.01%，电阻测量不确定度≤0.01%，热电偶检定不确定度≤1.2℃（含二等标准热电偶年变化0.7℃），热电阻检定不确定度≤0.05℃。

（4）恒温的稳定度：热电偶检定过程恒温后，炉温变化≤0.2℃/min；热电阻检定过程恒温后，油槽温度变化≤0.04℃/10min。

（5）冷端自动补偿：当冷端温度在（20±10）℃的范围内时，补偿误差≤0.2℃。

（6）检定温度：热电偶为300~1100℃，热电阻为0~300℃（包括低温热电偶）。

（7）检定支数：热电偶可同时检定1~10支；热电阻可同时检定1~10支，热电阻允许在同一温度点上进行多批检定。

（8）一次可连续检定点：热电偶 4 个，热电阻 3 个。

（9）检定时间：热电偶检定，正常条件下平均每百摄氏度约 30min。

（10）本检定系统按现行国家计量检定规程进行数据处理。

（11）工作环境：环境温度为 20℃±3℃，相对湿度≤75%。

（12）工作电源：AC 220（1±10%）V，50Hz±1Hz，要求接地电阻≤4Ω。

8.2.3 CPC2000Ⅲ-A 压力校验仪

CPC2000Ⅲ-A 压力校验仪如图 8-4 所示。

1. CPC2000Ⅲ-A1 压力校验仪的主要性能及特点

（1）金属外壳，牢固耐冲击；

（2）压力、电流双排 LCD 同时显示，直观清晰；

（3）手动造压-90kPa~0、0~2MPa；

（4）压力源零部件经精细研磨，气密性好，符合 IP54 密封标准；

（5）容积式微调节器，极易实现检定点压力；

（6）压力/真空开关式选择，切换简单方便；

（7）背光功能，在光线不足时可继续完成工作任务；

（8）压力、电流测量，具备 DC 24V 回路电源现场检测。

图 8-4　CPC2000Ⅲ-A 压力校验仪

2. CPC2000Ⅲ-A2 压力校验仪的主要性能及特点

（1）压力校验仪改进型产品，设计更合理，性能更可靠；

（2）全中文菜单，操作便捷；

（3）压力/电流同时显示，更易于变送器的校验记录；

（4）满程、线性、温度补偿可通过面板键盘实时外部修正，调校方便；

（5）运用智能压力模块，压力计测量范围可通过模块选配，实现测量范围更宽；

（6）可选配 RS232 通信接口，与 PC 通信，对测试数据进行处理。

8.2.4 HG-S301 热电偶校验仪

HG-S301 热电偶校验仪如图 8-5 所示。其主要性能特点如下：

（1）测量和输出毫伏、热电偶信号，测量和输出同时使用，且测量、输出互相隔离。

（2）按键控制任意步阶输出功能，更方便检查线性，比传统旋钮式更节省时间。

（3）提供变送器 24V 电源，直接在回路中测量电流，更方便检测二线制变送器。

（4）八种热电偶具有 ITS-90 标准分度表对应显示，外接或内置测温传感器为热电偶提供冷端温度补偿，或选用手动冷端温度补偿功能。

图 8-5　HG-S301 热电偶校验仪

（5）在宽温范围同样保证高精度，满五位显示；大屏幕液晶、带背光，中文智能菜单，参数显示更全面，更易使用。

（6）采用面板校准技术，无需打开仪器机箱，可使仪器更容易溯源至上一级标准。

（7）特有电池容量图标显示及电源节电管理，使用时间更长，欠电自动关机。

（8）可根据用户需要加入指定分度表，便于特殊测量和校验。

8.2.5　HG 系列压力发生装置

1. 产品概述

图 8-6 为 HG 系列压力发生装置，该产品由江苏苏仪集团生产，具有方便、省力、密封好和易维护的特点，能更好地满足用户需求。

该装置在密封性、造压的轻便性和微量调节性能等方面在同类产品中处于领先地位，特别考虑了微压受温度影响问题，并且针对高压压力表回检的平稳降压过程，给出了很好的解决方案。

2. 国家标准对密封性实验的主要要求

压力校验器在加压 10min 后开始计时，5min 内压力校验器的泄漏量不得超过满量程的 5%。

3. 国家检定规程对密封性实验的主要要求

压力校验器在加压 5min 后开始计时，5min 内压力校验器的泄漏量不得超过满量程的 4%。

图 8-6　HG 系列压力发生装置

4. HG-YLQ2（气压）

（1）无需外接压力源时，关上截止阀，用微调加减压，压力范围为 -40~40kPa；

（2）体积为 320mm×200mm×150mm，质量为 5kg；

（3）配电动压力泵后工作压力为 0~300kPa；

（4）配电动真空泵后工作压力为 -95~0kPa。

5. HG-YLY2（液压）

（1）压力范围为 0~60MPa；

（2）体积为 360mm×300mm×260mm，质量为 15kg。

8.3　显示调节仪表

8.3.1　XMTA-9000 系列智能数字显示调节仪

XMTA-9000 系列智能数字显示调节仪如图 8-7 所示。其主要性能及技术参数如下：

（1）万能信号输入，用户任意选择（热电偶、热电阻、电压、电流、线性电阻、频率）。

（2）单屏或双屏 LED 显示。根据工况可对量程显示进行任意修正；线性输入信号显示量程可任意设定，也可开方显示和加小信号切除。

（3）副屏可进行设定值和输出值切换。

（4）可提供 2~4 个继电器独立输出，4 个继电器也可两两相关联输出。报警控制方式任意选择，可实现输入端故障报警输出。

（5）可实现定时或计数功能，也可逆计数。

（6）可作为电流、电压给定器。无输入信号时，可通过按键改变显示内容为过程量和控制量的百分比。

（7）可外供 24V 电源（提供给二线制变送器）。

图 8-7　XMTA-9000 系列智能数
字显示调节仪

（8）测量值变送输出 0~10mA、4~20mA、0~5V、1~5V、0~10V 等，变送范围任意设定、修正。

（9）可提供多主机、单主机、无主机方式的 RS485 异步串行通信方式。通信数据校验遵照 CRC-16 美国数据通信标准，高可靠性循环、条码校验。

8.3.2　XMGA-9000 智能光柱显示调节仪

XMGA-9000 智能光柱显示调节仪如图 8-8 所示。其主要性能及技术参数如下：

（1）万能信号输入，用户任意选择（热电偶、热电阻、电压、电流、线性电阻、频率）。

（2）测量值与设定值可用模拟条、数字屏进行显示，显示内容可自由切换。

（3）测量值与设定值可进行加减运算。

（4）8 种报警控制方式选择。

（5）可进行开方及小信号切除。

（6）开关电源型仪表可有 5 个开关量输出，1 个为输入部分的断线报警，另 4 个为位式控制。

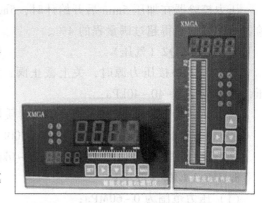

图 8-8　XMGA-9000 智能光柱显示调节仪

（7）出现断阻、断偶、断线故障时，报警继电器可选择输出状态。

（8）可作为计数器和可逆计数器仪表，断电后重新上电恢复断电前的计数值，可清除计数值、可预置数、可对计数值进行上下限报警和变送输出。

（9）可实现关联报警控制方式。

（10）提供外部 24V、30mA/50mA/100mA 电源（可作为二线制变送器电源）。

（11）测量值或内给定值变送输出 0~10mA、4~20mA、0~5V、1~5V、0~10V。

（12）可提供多主机、单主机、无主机方式的 RS485 异步串行通信方式。通信数据校验遵照 CRC-16 美国数据通信标准，高可靠性循环、条码校验。

8.3.3　XMPA-9000 智能 PID 调节仪

XMPA-9000 智能 PID 调节仪如图 8-9 所示。其主要性能及技术参数如下：

（1）各种模拟量输入或频率输入。

（2）过程量、给定值、控制量三重显示。

（3）PID 调节器正反作用选择，手/自动双向无扰动切换。

（4）出现断阻、断偶、断线故障时，控制量、过程量的模拟输出可选择 0%、100% 或上限限幅值、下限限幅值。

（5）跟踪输入信号的零点和满度可进行标定。

（6）智能声光报警、双定时器或计数器功能。

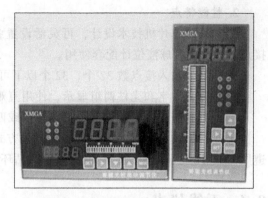

图 8-9　XMPA-9000 智能 PID 调节仪

（7）可进行开方及小信号切除。

（8）阀位反馈信号任意选择（各种模拟输入）。

（9）可实现外给定值输入（EM2 功能）。

（10）可分别设定控制量上限、下限输出控制范围；可实现分程 PID 控制，即保持第一控制量的基础上另产生两个分程控制量。

（11）测量值与设定值显示可进行加减运算。

（12）PID 参数自整定或 P 参数独立自整定。

（13）8 组设定值及 P、I、D 参数存储和调用。

（14）控制量跟踪反馈量（EM1 功能），可实现手/自动双向无扰动切除，可实现内给定值位移输出（SB 功能）。

（15）可实现比值控制。比值控制公式：给定值 $SP = A \times 外给定 + B$（A 为比值系数）。

（16）4 个开关量控制输出，可实现重定位、关联报警等方式。

（17）2 个或 3 个模拟量输出：0~10mA 或 4~20mA。

（18）50Hz 同步双向晶闸管过零插补控制算法以实现对每一个正弦波的优化控制，避免了大功率负载对电网的高次谐波污染。断续 PID 调节器内置 41A 双向晶闸管直接控制交流 2kW 以下的单相阻性负载或输出 3 组触发 500A 以下双向晶闸管的同步信号（注：应为阻性负载）。

（19）可提供多主机、单主机、无主机方式的 RS485 异步串行通信方式。通信数据校验遵照 CRC-16 美国数据通信标准，高可靠性循环、条码校验。

8.3.4　XMYA 智能电接点液位显示控制仪

1. 产品概述

如图 8-10 所示，XMYA 智能电接点液位显示控制仪接收液位开关信号，可分别设定每个液位开关液位值，以 LED 数码形式指示当前液位，并可和计算机连接通信，适合于和各种电接点液位计和浮球液位计配套使用，用于锅炉汽包水位和其他液位的测量显示。

图 8-10　XMYA 智能电接点液位显示控制仪

2. 性能特点

（1）采用单片机技术设计，可灵活设置各输入和接点的液位值，能和任何一厂家的电接点液位计或浮球液位计配套使用。

（2）最多输入接点数 32 个，32 个以下可任意配置。

（3）具有数字和光柱两组显示，使用直观方便。

（4）具有变送输出和上下限报警输出或四路报警输出。

（5）可提供多主机、单主机、无主机方式的 RS485 异步串行通信方式。通信数据校验遵照 CRC-16 美国数据通信标准，高可靠循环、条码校验。

8.4 无线仪表

8.4.1 SY-SPRM-W 智能无线网关

1. 产品概述

如图 8-11 所示，SY-SPRM-W 智能无线网关是 WIA 无线网络的核心，它负责连接智能无线网络 WIA 与其他有线网络，负责网络性能监测、智能网络管理、设定和维护网络通信参数，以及 WIA 无线设备与上位机软件之间的通信，用于采集和发送无线信号并上传至系统或上位机。网关可管理最多 150 台无线设备，自主形成 WIA 无线网络。

2. 技术参数

（1）频率：2.4GHz；

（2）数据率：1s～1h 可调；

（3）网络规模：每台网关可管理 150 台设备；

（4）接口：以太网、RS232/RS485；

（5）电源：DC 24V；

（6）认证：FM、CSA、ATEX 和 IECEX。

8.4.2 SY-SPRM-IO 智能无线转换设备

1. 产品概述

如图 8-12 所示，SY-SPRM-IO 智能无线转换设备集成 WIA 智能无线模块和模拟信号采

图 8-11　SY-SPRM-W 智能无线网关

图 8-12　SY-SPRM-IO 智能无线转换设备

集模块，其主要作用是为工业现场的监控系统提供一种新的传输手段。本产品可以连接现场现有的设备信号输出端，采集 4~20mA 电流信号或 0~5V 电压信号，并通过 WIA-PA 核心技术传输至网关，同时具有无线路由功能，可适应各种信号采集。

2. 性能特点

（1）集成 WIA 无线模块；

（2）支持电流信号、电压信号输入/输出；

（3）可用电池或外接供电；

（4）高可靠性的自组织网络，无线方式传输数据；

（5）数据通信可靠性达 99% 以上；

（6）液晶屏现场可设置显示实时数据、信号强度、电池容量等；

（7）超低功耗设计，延长电池寿命。

3. 技术参数

（1）通信协议：WIA-PA 协议；

（2）频率：2.4GHz；

（3）数据率：1s~1h 可调；

（4）输入信号：0~20mA、4~20mA、0~5V；

（5）电源：3.6V 锂电池；

（6）电池寿命：2 年以上（4s 数据率）；

（7）防护等级：IP65/IP67。

8.4.3　SY-SPRM-P 智能无线压力变送器

1. 产品概述

如图 8-13 所示，SY-SPRM-P 智能无线压力变送器集成 WIA 智能无线模块，可与电容式、扩散硅式等各类压力传感器相连，采用智能无线传感网络 WIA-PA 核心技术，使其可以加入 WIA 工业无线网络中，同时具有无线路由功能，适应各种工业场合压力数据测量。

2. 技术参数

（1）通信协议：WIA-PA 协议；

（2）频率：2.4GHz；

（3）数据率：1s~1h 可调；

（4）精度：±0.075% 最大量程；

（5）稳定性：±1% 最大量程（2 年）；

（6）电源：3.6V 锂电池；

（7）电池寿命：2 年以上（4s 数据率）；

（8）防护等级：IP65/IP67。

图 8-13　智能无线压力变送器

8.4.4　SY-SPRM-T 智能无线温度变送器

1. 产品概述

如图 8-14 所示，SY-SPRM-T 智能无线温度变送器集成 WIA 智能无线模块，采用智能无线传感网络 WIA-PA 核心技术，使其可以加入 WIA 工业无线网络中，同时具有无线路由功能，适应各种工业场合温度点数据测量，可兼容各类热电阻、热电偶等温度传感器。

2. 技术参数

(1) 通信协议：WIA-PA 协议；

(2) 频率：2.4GHz；

(3) 数据率：1s~1h 可调；

(4) 精度：±0.1℃（20℃，Pt100 输入）；

(5) 稳定性：±1%最大量程；

(6) 电源：3.6V 锂电池；

(7) 电池寿命：2 年以上（4s 数据率）；

(8) 防护等级：IP65/IP67。

图 8-14 智能无线温度变送器

8.4.5 SY-SPRM-TP 智能无线温压仪

1. 产品概述

如图 8-15 所示，SY-SPRM-TP 智能无线温压仪能够连续监测压力和温度。它可以按照设定的时间间隔自动监测温度、压力，测量结果可以记录在内部存储器中，也可以通过无线传感器网络经过无线网关传输至计算机。智能无线温压仪可用于各种需要监测压力和温度的地方，如油管的油压、套压、回压、泵压、油温等。

2. 性能特点

(1) 高可靠自组织网络，无线方式传输数据；

(2) 支持电流信号、电压信号输入/输出；

(3) 可用电池或外接电源供电；

(4) 数据通信可靠性达 99%以上；

(5) 液晶屏现场可设置显示实时数据、信号强度、电池容量等；

(6) 超低功耗设计，可配太阳电池板供电，无需外部供电。

图 8-15 智能无线温压仪

3. 技术参数

(1) 通信协议：WIA-PA 协议；

(2) 频率：2.4GHz；

(3) 压力精度等级：0.5 级；

(4) 测量温度：0~125℃；

(5) 电源：3.6V 锂电池+太阳能供电；

(6) 电池寿命：2 年以上（4s 数据率）；

(7) 防护等级：IP65/IP67。

8.4.6 SY-SPRM-P 系列智能无线压力变送器

1. 产品概述

如图 8-16 所示，SY-SPRM-P 系列智能无线压力变送器集成 WIA 智能无线模块，可与电容式、扩散硅式等各类压力传感器相连，采用智能无线传感网络 WIA-PA 核心技术，使其可以加入 WIA 工业无线网络中，它同时具有无线路由功能，适应各种工业场合压力数据测量。

图 8-16　SY-SPRM-
P 系列智能无线
压力变送器

2. 主要性能及特点

（1）准确度高；

（2）稳定性好；

（3）固体元件，接插式印制电路板；

（4）小型、质量轻、坚固抗振；

（5）量程、零点外部连续可调；

（6）正迁移可达 500%，负迁移可达 600%；

（7）阻尼可调；

（8）单向过载保护特性好；

（9）无机械可动部件，维修工作量少；

（10）全系列统一结构，零部件互换性强；

（11）接触介质的膜片材料可选择（316L、TAN、HAS-C、MONEL 等耐腐蚀材料）；

（12）防爆结构，全天候使用。

3. 主要技术参数

（1）使用对象：液体、气体和蒸汽。

（2）供电电源：DC 24V、6V 锂电池。

（3）指示表：指针式线性指示 0~100% 等分刻度或 LCD 液晶式、LED 数码管显示。

（4）防爆：a. 隔爆型 ExdIIBT4；b. 本质安全型 ExiaIICT6。

（5）量程和零点：外部连续可调。

（6）正负迁移：零点经过正迁移或负迁移后，量程、测量范围的上限值和下限值的绝对值，均不能超过测量范围上限的 100%。最大正迁移量为最小调校量程的 500%；最大负迁移量为最小调校量程的 600%。

（7）温度范围：放大器工作温度范围为 -29~+93℃（LT 型为 -25~+70℃）；灌充硅油的测量元件为 -40~+104℃；法兰式变送器灌充高温硅油时为 -20~+315℃，普通硅油时为 -40~+149℃。

（8）静压：1MPa、4MPa、10MPa、25MPa、32MPa。

（9）湿度：相对湿度为 0~100%RH。

（10）容积吸取量：<0.16cm^3。

（11）阻尼（阶跃响应）：充硅油时，一般在 0.2~1.67s 之间连续可调。

8.4.7　SY-SPRM-M 系列智能无线执行机构

1. 产品概述

如图 8-17 所示，SY-SPRM-M 系列无线执行机构是在传统执行器内嵌入 WIA 无线模块，实现远程无线方式控制的执行器，现场只要供电即可，无需其他信号线，控制信号及反馈信号都通过无线方式与控制室网关直接传输，可广泛应用于电站、冶金、钢铁、石油、化工、机械、轻工和环保等工业部门。

2. 技术参数

（1）通信协议：WIA-PA；

（2）频率：2.4GHz；

（3）信道数：16；

（4）接收灵敏度：-98dBm；

（5）输出信号强度：18dBm；

（6）电源：AC220V；

（7）防护等级：IP65/IP67。

图 8-17　SY-SPRM-M 系列智能无线执行机构

第3篇

创意性与综合性设计

第 9 章

创意性设计

本章内容围绕测控技术与仪器专业的传感器技术、单片机原理及接口技术、嵌入式系统、智能仪器设计、虚拟仪器技术、测控系统原理及应用等专业课程展开，要求学生能够综合运用所学的基础理论、专业知识和基本技能，进行综合性、设计性训练，培养学生创新意识、团队合作精神和解决复杂问题能力。

学生应按照设计要求，收集、查阅相关的文献资料，进行总体方案设计、软硬件设计，绘制原理框图、电路图和软件流程图，进行系统仿真或实物调试以及数据处理与分析，实现系统功能和主要技术指标，撰写完整、规范的设计报告。

本章课题可用于测控专业课程创意性设计，建议以班级为单位进行分组，每组 3~4 位同学合作完成 1 个指定课题。课题组应分工明确，一般设组长 1 人，组员 2~3 人。组长负责人员分工、协调事宜和总体方案设计，组员分别负责硬件设计、软件设计、实验（试验）和系统调试等工作。课题组按照设计要求和实际工作内容撰写一份完整的设计报告，每个同学按照任务分别进行答辩。指导老师事前应制定详细评分标准并告知学生，答辩后综合评定每个同学的成绩。建议集中设计时间为 2~3 周，为保证课题完成质量，设计任务可提前 1 个月下发给学生。其他相近电类专业，可作为综合设计参考课题选用。

9.1 人体智能电子秤

9.1.1 设计要求

采用单片机或 ARM，设计开发完成一款成本低廉，可用于测量人体体重的智能电子秤。电子秤主要由微处理器模块、称重传感器模块、滤波放大电路模块、A-D 转换电路模块、液晶显示模块、键盘电路模块等部分组成。人体的体重信息由称重传感器经转换电路变成电信号，通过测量电路进行滤波放大，A-D 转换器完成数据采集，并由微处理器完成相关运算和数据处理，最后由显示模块完成测量结果的显示。

9.1.2 系统功能及主要技术指标

1. 系统功能

（1）人体体重的实时精确测量与显示；

（2）室温的实时精确测量与显示；

（3）称重单位（公斤/市斤）的切换与显示；

（4）历史测量数据的查询与删除；

（5）实现测量数据的分组，即用户在首次称重前，可预先录入用户信息（含用户编号、年龄、性别及身高等数据），之后该用户的测量数据归于该用户编号下统计；

（6）能根据用户身高、性别及体重等信息，智能判断用户体形（正常/偏胖/偏瘦）并显示；

（7）具备断电记忆功能，即更换电池后，原设置参数及记录数据不丢失；

（8）具备自动关机功能，实现无人使用状态下，15s 后自动关机。

2. 主要技术指标

（1）测量范围：5~180kg。

（2）测量精度：测量对象<80kg 时，误差<2%；测量对象≥80kg 时，误差<3%。

（3）温度测量误差：小于±0.5℃。

9.1.3 参考文献

[1] 邝耀强. 基于单片机电子秤设计研究 [J]. 电子测试，2018（12）：12-13.

[2] 张非凡，志宾. 基于单片机控制的电子秤设计 [J]. 数字技术与应用，2018（01）：15-16.

[3] 严芳芳. 基于单片机控制的电子秤设计 [J]. 电子测试，2013（07）：35-36.

9.2 金属厚度测量仪

9.2.1 设计要求

金属厚度的检测在许多方面都有应用，如金属板轧制过程中的厚度检测、金属中缺陷的检测等。金属板材厚度是产品质量、设备服役状态的重要参数，因此准确快速测量金属板材厚度是至关重要的。常见的测量方法有射线检测法、超声波检测法、涡流检测法等。

采用单片机、ARM、DSP 或虚拟仪器等，选用合适的传感器，设计测量电路，开发一款采用超声波检测法（或其他方法）的可用于检测金属厚度的测量仪。

9.2.2 系统功能及主要技术指标

1. 系统功能

（1）能实时精确测量与显示金属厚度；

（2）可配备多种参数的传感器；

（3）历史测量数据的查询与删除；

（4）采用液晶屏实现显示，且具备背光功能；

（5）具备断电记忆功能，即更换电池后，原设置参数及记录数据不丢失；

（6）具备自动关机功能，实现闲置状态持续 60s 后自动关机。

2. 主要技术指标

（1）测量范围：2~120mm；

（2）测量精度：误差<5%；

（3）分辨力：0.1mm。

9.2.3 参考文献

[1] 陈鹏，韩德来，蔡强富，等．电磁超声检测技术的研究进展 [J]．国外电子测量技术，2012（11）：18-21，25．

[2] 杨理践，李春华，高文凭，等．铝板材电磁超声检测中波的产生与传播过程分析 [J]．仪器仪表学报，2012（06）：1218-1223．

[3] 张永生，黄松岭，赵伟，等．基于电磁超声的钢板裂纹检测系统 [J]．无损检测，2009（04）：307-310．

9.3 电子罗盘

9.3.1 设计要求

电子罗盘又称数字罗盘，是自动控制、测试及测量领域中用来获取方向信息的装置。在现代技术条件中，电子罗盘作为导航仪器或姿态传感器已被广泛应用。电子罗盘与传统指针式和平衡架结构罗盘相比具有能耗低、体积小、质量轻、精度高、可微型化等优势，其输出信号通过处理可以实现数码显示。电子罗盘不仅可以用来指向，其数字信号还可直接送到自动舵，控制船舶的操纵。电子罗盘还具有较好的抗振性，对干扰有电子补偿，测向精度较高。

采用单片机或 ARM，设计开发完成一款可行易用的电子罗盘。电子罗盘主要由微处理器模块、磁阻传感器模块、加速度传感器模块、A-D 转换电路模块、电源模块、液晶显示模块、键盘电路模块等部分组成。

9.3.2 系统功能及主要技术指标

1. 系统功能

（1）倾角和方位角的测量与显示；

（2）内置温度补偿，最大限度减少倾斜角和指向角的温度漂移；

（3）具有简单有效的用户标校指令；

（4）具有指向零点修正功能；

（5）具备断电记忆功能，即更换电池后，原设置参数及记录数据不丢失；

（6）外壳结构防水，无磁。

2. 主要技术指标

（1）倾角和方位角误差<1°；

（2）低功耗，正常工作时，电流小于 15mA。

9.3.3 参考文献

[1] 王勇军，李智，李翔．电子罗盘的干扰抑制 [J]．微型机与应用，2010（12）：104-106．

[2] 郭检柟．基于磁阻芯片和 MSP430 单片机的电子罗盘设计 [J]．信息与电子工程，

2010 （01）：12-14，29.

[3] 蒋贤志 . 数字电子罗盘误差分析及校正技术研究 [J]. 现代雷达，2005 （06）：39-41，44.

9.4 PM2.5 测量仪

9.4.1 设计要求

细颗粒物又称细粒、细颗粒、PM2.5。细颗粒物指环境空气中空气动力学当量直径小于等于 2.5μm 的颗粒物。它能较长时间悬浮于空气中，其在空气中含量浓度越高，就代表空气污染越严重。PM2.5 粒径小，面积大，活性强，易附带有毒、有害物质（如重金属、微生物等），对人体健康和大气环境质量影响很大。

采用单片机或 ARM，设计开发完成一款成本低廉，可用于检测空气中 PM2.5 浓度的测量仪。PM2.5 测量仪主要由微处理器模块、粉尘传感器模块、A-D 转换电路模块、液晶显示模块、报警输出模块、键盘电路模块等部分组成。

9.4.2 系统功能及主要技术指标

1. 系统功能

（1）PM2.5 浓度的实时精确测量与显示；

（2）空气质量等级判断与显示；

（3）可由用户自由设置警戒阈值；

（4）PM2.5 浓度超过警戒阈值时，实现声光报警；

（5）环境温湿度实时精确测量与显示；

（6）历史测量数据的查询与删除；

（7）具备断电记忆功能，即断电或更换电池后，原设置参数及记录数据不丢失。

2. 主要技术指标

（1）测量范围：$0 \sim 999 \mu g/m^3$；

（2）测量分辨力：$1 \mu g/m^3$。

9.4.3 参考文献

[1] 兰冰芯，谌海云，陈东，等 . 基于单片机的 PM2.5 测试仪的设计与实现 [J]. 物联网技术，2014 （11）：32-34，38.

[2] 王寅，王卉 . PM2.5 现状及其检测技术 [J]. 资源节约与环保，2014 （12）：139.

[3] 孙波，李爽 . PM2.5 检测方法及研究进展 [J]. 山东化工，2015 （09）：56-57.

9.5 无线防盗报警器

9.5.1 设计要求

报警器在生活中的应用已经十分广泛，在各种车辆、工厂仓库大门以及家庭安全系统等场合，几乎无一例外地使用了各种各样的报警器设备。

采用单片机或ARM，设计开发完成一款成本低廉，适用于家庭环境的无线防盗报警器。当出现盗贼入室等意外情况时，报警器能及时感知并通知业主。报警器主要由微处理器模块、人体接近传感器模块、无线通信模块、声光报警模块、键盘电路模块等部分组成。

9.5.2 系统功能及主要技术指标

1. 系统功能

（1）能实现异常振动检测；

（2）能实现人体红外检测；

（3）探测人体接近距离远近可调；

（4）振动检测灵敏度可调；

（5）通过WiFi或GPRS模块连接互联网；

（6）能设置机主联系方式（如手机号、微信号等），用于报警时推送警示信息；

（7）具备断电记忆功能，即更换电池后，原设置参数及记录数据不丢失。

2. 主要技术指标

（1）检测距离：6~10m；

（2）检测水平角度：不小于100°；

（3）工作温度：能在−10~+40℃的温度范围内稳定工作。

9.5.3 参考文献

［1］ 李剑雄，梁春美. 基于单片机的无线防盗报警器设计研究［J］. 信息与电脑（理论版），2015（08）：3-4，8.

［2］ 曾耀莹. 一种简易家用防盗报警器的设计与制作［J］. 电子制作，2016（23）：8，13.

［3］ 刘瑞鹏，褚庆忠，王金建，等. 基于智能手机卡无线红外线协助的室内防盗系统研究［J］. 科学技术创新，2018（08）：77-78.

9.6 智能语音导盲杖

9.6.1 设计要求

盲人在行走引导方面具有很大的困难，目前引导盲人行走的传统方法主要有手杖引导、盲道引导和导盲犬引导。传统的导盲方法存在着较大的不足，随着科技的发展，智能导盲杖以其诸多优势逐渐受到盲人的青睐。

采用单片机或ARM，设计开发完成一款成本相对低廉、误报率低、可行性高的智能语音导盲杖。导盲杖主要由微处理器模块、测距和积水传感器模块、语音及振动输出模块等部分组成。

9.6.2　系统功能及主要技术指标

1. 系统功能

（1）可实现路面积水的检测与提醒；

（2）可实现下行台阶检测；

（3）可实现行径方向正前方障碍物检测与提醒；

（4）以振动及语音方式进行提醒；

（5）可实现语音音量调节；

（6）可实现检测灵敏度调节；

（7）具备闪烁警示灯；

（8）具备断电记忆功能，即更换电池后，原设置参数不丢失。

2. 主要技术指标

（1）工作电流：不大于 40mA；

（2）障碍物检测角度：不小于 60°；

（3）工作温度：能在−20 ~ +45℃的温度范围内稳定工作。

9.6.3　参考文献

［1］韦中超，廖浚宏，张准，等. 基于超声波测距和 PSD 红外测距的智能语音导盲器［J］. 现代电子技术，2013（10）：115-118.

［2］俞国华，朱广伟，张珂. 基于多传感器融合的智能导盲杖研制［J］. 测控技术，2015（04）：20-23.

［3］李美洋，张芃泽. 智能导盲拐杖［J］. 数字化用户，2012（15）：35-36.

9.7　心率测量仪

9.7.1　设计要求

在生活中，心率作为反映人体健康的一个重要参数，出现异常后可能导致多种紧急情况。

采用单片机或 ARM，设计开发完成一款成本低廉、体积小、质量轻的心率测量仪。心率测量仪主要由微处理器模块、传感器模块、滤波放大电路模块、液晶显示模块、声光输出模块、键盘电路模块等部分组成。

9.7.2　系统功能及主要技术指标

1. 系统功能

（1）人体心率的实时精确测量与显示；

（2）一段时间内最高及最低心率显示；

（3）平均心率计算及显示；

（4）历史测量数据的查询与删除；

（5）报警阈值的设置；

（6）具备断电记忆功能，即更换电池后，原设置参数及记录数据不丢失；

（7）具备自动关机功能，实现无人使用状态下，15s 后自动关机。

2. 主要技术指标

（1）心率测量范围：50~180 次/分钟；

（2）允许测量误差：小于 5%。

9.7.3 参考文献

［1］徐瑞雄，杨博，王垚飞，等．基于 51 单片机的心率测量及预警系统设计［J］．电子制作，2016（12）：15-16.

［2］李宏恩，周晋阳．基于 AT89C51 单片机的脉搏测量仪设计［J］．山西电子技术，2015（02）：3-5.

［3］孙亮，胡泽，李丹．智能人体心率检测装置的设计［J］．现代电子技术，2009（02）：164-166.

9.8 肺活量检测仪

9.8.1 设计要求

随着全民健身计划的提出以及《国家学生体质健康标准》试行方案的出台，市场上对肺活量检测类产品的需求量越来越大。

采用单片机或 ARM 设计开发完成一款成本低廉、简单易用的肺活量检测仪。肺活量检测仪主要由微处理器模块、压力传感器模块、A-D 转换电路模块、液晶显示模块、键盘电路模块等部分组成。

9.8.2 系统功能及主要技术指标

1. 系统功能

（1）人体肺活量的实时精确测量与显示；

（2）测量数据包含测量时间；

（3）可实现多次测量取平均值；

（4）历史测量数据的查询与删除；

（5）具备断电记忆功能，即更换电池后，原设置参数及记录数据不丢失；

（6）具备自动关机功能，实现无人使用状态下，15s 后自动关机。

2. 主要技术指标

（1）测量范围：100~9999mL；

（2）分辨力：1mL；

（3）允许测量误差：小于 5%。

9.8.3 参考文献

［1］汤挺岳，胡荣强．基于 MSP430F449 的自动肺活量测试仪设计［J］．仪表技术，2010（10）：35-36，39.

[2] 程春雨. 便携式高精度电子肺活量计的设计与实现 [D]. 大连：大连理工大学，2002.

[3] 黄泽帅，艾信友，宋洋，等. 基于单片机的多功能肺活量测量仪设计 [J]. 科技创新与应用，2016 (03)：89.

9.9 水质检测仪

9.9.1 设计要求

采用单片机或 ARM，设计开发一款简单易用的水质检测仪。在参考环保部门制定的水质检测标准的前提之下，对水环境中的 pH 值、水温、溶解氧等方面进行采样检测。水质检测仪主要由微处理器模块、传感器模块、A-D 转换电路模块、液晶显示模块、键盘电路模块等部分组成。

9.9.2 系统功能及主要技术指标

1. 系统功能

（1）pH 值的精确测量与显示；

（2）水温的精确测量与显示；

（3）溶解氧的精确测量与显示；

（4）历史测量数据的查询与删除；

（5）具备断电记忆功能，即更换电池后，原设置参数及记录数据不丢失；

（6）具备自动关机功能，实现无人使用状态下，15s 后自动关机。

2. 主要技术指标

（1）pH 值测量范围：0~14；pH 值测量误差：≤0.1。

（2）溶解氧测量范围：0~20mg/L；测量误差：≤±0.1mg/L。

（3）温度测量范围：0~40℃；测量误差：≤±0.5℃。

9.9.3 参考文献

[1] 樊建强，刘攀. 基于 GPRS 数据通讯的水质自动监测系统设计 [J]. 信息技术与信息化，2015 (09)：58-60.

[2] 李荣芬. 我国水质在线监测系统的发展与展望 [J]. 河北企业，2014 (05)：127-128.

[3] 邹赛，刘昌明，李法平. 基于无线传感器网络的水环境监测系统 [J]. 传感器与微系统，2010 (09)：104-106，109.

9.10 太阳墙采暖控制器

9.10.1 设计要求

太阳墙系统是一项用于提供经济适用的采暖通风解决方案的节能环保新技术。

采用单片机或 ARM，设计开发一款方案合理、成本适中的太阳墙采暖控制器。控制器主要由微处理器模块、温度传感器模块、风机控制电路模块、液晶显示模块、键盘电路模块等部分组成。

9.10.2 系统功能及主要技术指标

1. 系统功能
（1）可以指示电源、通信、电加热、风机的工作状态；
（2）室内温度设定范围为 10~35℃；
（3）具备手动换风和自动换风模式；
（4）具备手动加热、定时加热与自动加热模式；
（5）具备时间设定与显示；
（6）具备断电记忆功能，即更换电池后，原设置参数及记录数据不丢失。

2. 主要技术指标
（1）测温范围：0~99℃；
（2）测温及控温精度：±1℃；
（3）空载功耗：<2W。

9.10.3 参考文献

[1] 任庚坡，房玉娜．太阳墙系统综合利用技术［J］．电力与能源，2014（03）：381-384，389.
[2] 尹宝泉．复合太阳能墙与建筑一体化的节能研究［D］．邯郸：河北工程大学，2009.

9.11 电动车速度测量仪

9.11.1 设计要求

采用单片机或 ARM，设计开发完成一款成本低廉，用于测量电动自行车车速的显示仪表。测量仪主要由微处理器模块、车速传感器模块、测量电路模块、液晶显示模块、按键电路模块等部分组成。

9.11.2 系统功能及主要技术指标

1. 系统功能
（1）车速的实时精确测量与显示；
（2）车轮周长参数的设定与修改；
（3）本次里程与总里程数据的显示与存储；
（4）历史数据的查询；
（5）具备断电记忆功能，即更换电池后，原设置参数及记录数据不丢失。

2. 主要技术指标
（1）测量范围：0~60km/h；
（2）允许测量误差：<5%。

9.11.3 参考文献

[1] 郝敏钗. 基于单片机的自行车里程表的设计 [J]. 无线互联科技, 2012 (06): 73.

[2] 吴翊钧. 基于单片机的车速里程表设计与仿真 [J]. 计算机光盘软件与应用, 2012 (14): 213, 223.

[3] 丁敏. 电动自行车里程速度计的设计 [J]. 机械管理开发, 2012 (06): 55-56.

9.12 风速风向测试仪

9.12.1 设计要求

采用单片机或 ARM, 设计开发完成一款成本低廉, 用于测量风速风向的智能化仪表。测试仪主要由微处理器模块、传感器模块、测量电路模块、液晶显示模块、按键电路模块等部分组成。

9.12.2 系统功能及主要技术指标

1. 系统功能

(1) 风速风向的实时精确测量与显示;

(2) 可进行参数设置和风速补偿;

(3) 具有数据存储功能;

(4) 具有历史数据的查询功能;

(5) 具备断电记忆功能, 即更换电池后, 原设置参数及记录数据不丢失。

2. 主要技术指标

(1) 风速测量范围: 0~60m/s;

(2) 允许测量误差: <5%。

9.12.3 参考文献

[1] 王英华, 张德中, 陈福兴, 等. 超声波风速风向测试仪的设计 [J]. 科协论坛, 2017 (07): 104-106.

[2] 马明建, 郭志东, 汪遵元, 等. 温室风向风速测试系统的研究设计 [J]. 农业工程学报, 2000, 16 (04): 115-117.

[3] 王保强, 李一丁. 超声波风速风向检测技术的研究 [J]. 声学技术, 2008, 27 (04): 5-9.

第 10 章

综合性设计

本章内容围绕测控技术与仪器专业的传感器技术、嵌入式系统、虚拟仪器技术、物联网应用技术、移动机器人、人工智能等专业课程及专业拓展课程展开，要求学生能够综合运用所学的基础理论、专业知识和基本技能，进行综合性、设计性和创新性实践训练，培养学生工程意识、创新能力、团队合作精神和解决复杂问题的能力。

学生应按照设计要求，收集、查阅相关的文献资料，进行总体方案设计、软硬件设计，绘制原理框图、电路图和软件流程图，进行系统架构搭建、运行仿真或实物调试以及数据处理与分析，实现系统功能和主要技术指标，撰写完整、规范的设计报告。

本章课题可用于测控专业创新实践创意性设计，建议以班级为单位进行分组，每组 3~5 位同学合作完成 1 个指定课题。课题组应分工明确，一般设组长 1 人，组员 2~4 人。组长负责人员分工、协调事宜和总体方案设计，组员分别负责硬件设计、软件设计、实验（试验）和系统调试（仿真）、数据处理与算法研究等工作。课题组按照设计要求和实际工作内容撰写一份完整的设计报告，每个同学按照任务分别进行答辩。指导老师事前应制定详细评分标准并告知学生，答辩后综合评定每个同学的成绩。建议集中设计时间 3~5 周，为保证课题完成质量，设计任务可提前 1 个月下发给学生。其他相近电类专业，可作为创新实践综合设计参考课题选用。

10.1 火灾探测报警与联动系统

10.1.1 设计要求

近年来，随着信息技术的日趋成熟，火灾探测报警与联动系统在现代建筑消防工程中得到了广泛应用。

本设计要求开发一种火灾探测报警与联动系统，至少包括火灾探测器、火灾报警控制器、减灾装置和灭火装置 4 部分。当火灾发生时，火灾探测器监测到烟雾、高温、火焰等信号并将其转换为电信号，经过与正常状态阈值的比较和判断，通过声光报警等形式通知相关人员。系统在人工干预或特定条件下实现联动，起动减灾装置（防排烟设备、防火卷帘、应急照明等），并起动水喷淋、气体灭火装置等，以达到减小火灾损失的目的。

10.1.2 系统功能及主要技术指标

1. 系统功能

（1）采用复合式火灾探测器实现火灾的准确判断，误报率或漏报率控制在较低水平；

（2）系统各模块间以有线或无线形式互相连接；

（3）各楼层至少一个报警控制器，用于实现声光报警显示和控制减灾及灭火装置；

（4）整栋楼宇至少一个中央控制器，用于显示各楼层状态和控制减灾及灭火装置；

（5）当火灾警报产生后，由人工进行确认操作，并决定是否人工起动减灾及灭火装置；

（6）当火灾警报持续一定时间且无人工确认时，系统自动起动特定减灾及灭火装置；

（7）所有火灾报警记录及人员操作记录均上传至云服务器；

（8）当常规供电电源无法工作时，系统仍可正常运转。

2. 主要技术指标

（1）可接入控制节点（控制器）总数量不少于50个；

（2）使用环境：0～+40℃，相对湿度≤95%，不结露；

（3）电源：主电源为220V，备用电源为DC 24V；

（4）单控制器主机功耗：≤10W。

10.1.3 参考文献

[1] 车延龙. 火灾自动报警系统可靠性分析 [J]. 黑龙江科技信息，2014（29）：125.

[2] 刘情. 火灾自动报警监控联网技术的应用与发展 [J]. 通讯世界，2017（09）：76-77.

[3] 李林根，叶玲. 关于火灾自动报警及联动设计的理解及探讨 [J]. 电子世界，2017（17）：77.

10.2 小型气象站系统

10.2.1 设计要求

小型气象站是一种规模较小，能自动检测、处理、存储和发送地面气象信息的设备，它在地面气象数据观测中发挥着重要的作用。

本设计要求采用先进的电子测量、数据传输和控制技术，开发完成基于现代总线技术和嵌入式系统技术构建的小型气象站系统，满足地面气象观测的常规需求，且应具备高精度、高稳定、易维护、低功耗、易扩展和实时远程监控的特点。

10.2.2 系统功能及主要技术指标

1. 系统功能

（1）实现气温的实时采集、存储与传输；

（2）实现湿度的实时采集、存储与传输；

（3）实现气压的实时采集、存储与传输；

（4）实现风速及风向的实时采集、存储与传输；

（5）实现雨量的实时采集、存储与传输；

（6）能通过GPS授时等形式校正系统时间；

（7）能利用相应通信模块将数据实时上传至云服务器；

（8）若网络临时中断，则待网络连接恢复时，能将断网期间数据补传至云服务器；

（9）配有云平台（Web 控制台），可实现远程参数设置、数据监视、数据下载、采集器复位等功能；

（10）系统配备 LED 显示屏，现场实时滚动显示气象信息。

2. 主要技术指标

（1）实时时钟电路误差：小于 15s/月；

（2）电源：12V 直流电源；

（3）气压测量范围：40～110kPa；

（4）气温测量范围：－75～80℃；

（5）相对湿度测量范围：0%～100%RH；

（6）风向测量范围：0°～360°；

（7）风速测量范围：0～150m/s。

10.2.3　参考文献

[1]　任川. 基于 GPRS 的自动气象站系统的设计与实现 [D]. 沈阳：东北大学，2014.

[2]　刘冲. 无人值守自动气象站远程监控系统 [D]. 成都：电子科技大学，2011.

[3]　潘龙龙. 智能气象站的数据采集与通信系统设计 [D]. 南京：东南大学，2016.

10.3　智能家居系统

10.3.1　设计要求

随着科技的发展和进步，社会生产生活逐渐朝着智能化方向发展。智能家居系统为住宅居民提供了更加舒适的家居环境，充分满足人们对于较高生活质量的要求。

本设计要求基于物联网技术，应用无线传感网络技术和嵌入式系统设计技术，结合网络通信技术和音视频处理技术，开发一套以智能门锁、照明控制与管理、电器控制、远程视频监控等为核心功能的智能家居系统。系统应具备性价比高、稳定性高、安全可靠、低功耗等特点。

10.3.2　系统功能及主要技术指标

1. 系统功能

（1）实现智能门锁的远程解锁；

（2）实现智能门锁解锁记录（含解锁日期时间及解锁人快照）的远程查看；

（3）实现照明的情景模式控制；

（4）实现照明的语音控制；

（5）实现照明的远程控制；

（6）实现照明系统的节能控制（人来开灯、人走灭灯）；

（7）实现远程视频监看家中情况，并可远程语音对讲；

（8）实现入侵检测和报警，当家中遭遇非法入侵时，现场警铃响起，摄像头自动记录图像及视频，并传至云平台，同时将警示消息推送给用户；

(9) 根据情景模式，自动开关部分电器（如"离家模式"时，自动切断电视机电源）；

(10) 实现远程控制家中电器（如空调、电热水器等）。

2. 主要技术指标

(1) 主机实时时钟电路误差：小于 15s/月；

(2) 主机电源：12V 直流电源；

(3) 主机功耗：≤6W；

(4) 适用住宅最大面积：不小于 150m²。

10.3.3　参考文献

[1]　罗娟，贾亚龙，孔瀚文 . 基于 Android 的个性化智能家居控制终端 [J]. 工业控制计算机，2018（03）：41-42，44.

[2]　殷存举 . 智能家居控制系统的设计与实现 [J]. 信息通信，2017（06）：33-34.

[3]　谭刚林 . 智能家居控制平台研究 [J]. 科技信息，2011（36）：251.

10.4　智能路灯控制系统

10.4.1　设计要求

在路灯照明系统的设计过程中，除了基本的照明功能设计外，还必须同时考虑路灯照明系统使用的节能性、操作的智能性和维护的便捷性等问题。

本设计要求基于物联网技术，开发完成一套能满足现代城市路灯监控管理需求的智能路灯控制系统，通过该系统，管理部门能利用人机交互界面实时监控控制区域中的路灯。系统应具备稳定性高、易维护、易扩展等特点。

10.4.2　系统功能及主要技术指标

1. 系统功能

(1) 可实现路灯的分组和集中控制；

(2) 可利用时控的方式对路灯进行自动控制；

(3) 可利用光控的方式对路灯进行自动控制；

(4) 可统计路灯的电流、电压、功率因数等运行参数；

(5) 可实现路灯的故障警示和统计，并可计算亮灯率等数据；

(6) 可根据环境光强自动调节路灯亮度；

(7) 能利用相应通信模块将数据实时上传至云服务器；

(8) 配有云平台（Web 控制台），可实现远程参数设置、数据监视、数据下载等功能。

2. 主要技术指标

(1) 远程控制延时：≤2s；

(2) 终端节点功率：≤5W；

(3) 路由节点功率：≤10W；

（4）适用于环境温度：-10~+45℃；

（5）适用于最大日温差：25℃；

（6）节点间通信距离：≥40m。

10.4.3 参考文献

[1] 张永平. 智能路灯系统的设计和应用 [J]. 光源与照明，2017（01）：28-30.

[2] 谭伟. 基于物联网技术的智慧路灯系统设计 [J]. 公路交通科技（应用技术版），2017（06）：306-307.

[3] 范海洋，胡一鸣，黄伟杰. 根据环境自动调节状态的节能智能路灯系统 [J]. 科技创新与应用，2017（10）：51-52.

[4] 邱法超，陈显平，陈炜斌，等. 基于物联网智能控制的节能路灯系统 [J]. 机械工程与自动化，2016（02）：201-202.

10.5 智能停车场管理系统

10.5.1 设计要求

针对传统停车场采用人工管理存在效率低、成本高及安全性差等缺点，智能停车场系统逐步得到了广泛认可和应用。智能停车场管理系统应用于停车场收费管理、车辆控制与人员管理，具有使车辆进出有序、手续简便、速度快、安全防盗、管理自动化、收费公正合理等特点。

本设计要求利用射频技术或图像识别技术、视频监控技术、传感技术、网络技术和嵌入式技术等，开发完成一套能满足现代停车场管理需求的系统，通过该系统，管理单位能实现停车场系统的智能化、自动化管理。系统应具备稳定性高、易维护、计费准确等特点。

10.5.2 系统功能及主要技术指标

1. 系统功能

（1）可通过 RFID 或图像识别技术，对车辆身份进行确认，实现抬杆放行等操作；

（2）可通过沿途布置的显示器件，引导车辆进入有效停车位；

（3）可实时显示已用车位、剩余车位等信息；

（4）可将车辆分为固定车辆和临时车辆两种类型分别管理；

（5）道闸设计应具备避免对人员和车辆造成伤害的功能；

（6）配套设计有适用于上位机的计费管理系统；

（7）计费管理系统能实现管理账号的分级及权限设置；

（8）管理员可根据车辆类型、停车时段等设置收费规则；

（9）车辆驶离停车场时，显示器实时显示停车时长、应缴费用等信息，同时语音播报相关信息。

2. 主要技术指标

(1) 道闸控制机应采用光电隔离的方式；

(2) 以总线形式连接各道闸控制机，支持接入控制机数量不少于 20 个；

(3) 控制机电源采用直流 12/24V，且支持蓄电池等备用电源；

(4) 控制机可容纳不少于 10000 条白名单、10000 条黑名单、20000 条脱机数据；

(5) 道闸最短关闭时间不大于 2s；

(6) 道闸整机功率 ≤50W。

10.5.3 参考文献

［1］ 董伟平. 智能化停车场门禁控制系统设计 ［J］. 电子制作，2013 （07）：67，69.

［2］ 苏新红，张海燕. 智能停车场控制系统设计 ［J］. 内江科技，2010 （04）：62，68.

［3］ 刘文利. 国内停车场管理系统的现状与发展趋势 ［J］. 中国新技术新产品，2011 （01）：20.

［4］ 毕晓东. 基于物联网的智能停车场解决方案研究 ［J］. 计算机时代，2011 （02）：27，30.

10.6 车辆追踪定位系统

10.6.1 设计要求

近年来，随着汽车工业和定位导航、无线通信等信息技术的快速发展以及当前社会经济发展的需要，促使着智能交通系统（ITS）的产生。车辆追踪定位是智能交通系统的主要组成部分，当前，个人和小规模用户对车辆追踪定位系统的需求也在不断增加。

本设计要求基于无线通信、GPS 定位等技术，开发完成一套能满足现代家用汽车或物流公司货车追踪定位需求的系统，通过该系统，用户可以对车辆进行有效的监控和管理。系统应具备稳定性高、易维护、应用成本较低等特点。

10.6.2 系统功能及主要技术指标

1. 系统功能

(1) 配有云平台（Web 控制台），可实现远程参数设置、数据监视、数据下载等功能；

(2) 可远程实时定位车辆；

(3) 可回放指定时间区间内的车辆行驶轨迹；

(4) 可统计车辆指定日期范围内的行驶里程；

(5) 可设定电子围栏，当车辆驶出围栏时，向用户推送警示信息；

(6) 可实现远程断电、断油操作；

(7) 可实现车辆分组管理，并可分组统计相关数据；

(8) 自动识别车辆静止和行驶状态，静止状态时数据发送频率远低于行驶状态时；

(9) 车辆长时间静止状态时，车载定位器自动进入低功耗模式。

2. 主要技术指标

（1）车载定位器工作电源：9~36V 直流电源；

（2）车载定位器功耗：≤5W；

（3）定位精度：<15m；

（4）冷启动定位时间：<45s；

（5）暖启动定位时间：<20s。

10.6.3 参考文献

[1] 何宇寰. 基于云技术的大容量运输车辆智能监控系统研究 [D]. 北京：北京邮电大学，2018.

[2] 甄建美. GPS 车载定位监控系统的设计与实现 [D]. 北京：北京邮电大学，2011.

[3] 刘银涛. 基于 GPS/3G/GIS 的车辆监控管理系统的设计与实现 [D]. 哈尔滨：哈尔滨工业大学，2013.

10.7 智能农业大棚控制系统

10.7.1 设计要求

近年来，温室大棚种植在提高人们的生活水平、丰富食物品种等方面起到了很大的作用。随着技术的发展及自动化水平的提高，智能农业大棚逐步得到推广应用。

本设计要求基于无线传感网技术、视频监控技术、传感技术、网络技术和嵌入式技术等，开发完成一套能满足现代农业大棚控制和管理需求的系统。通过该系统，从业者能实现实时监测大棚中大气、土壤环境参数，并可手动或自动控制遮阳装置、滴灌装置等，同时也可对大棚内人员出入和农作物生长状态进行全天候监视。系统应具备简单易用、稳定性高、易维护等特点。

10.7.2 系统功能及主要技术指标

1. 系统功能

（1）可采集土壤温湿度、空气温湿度数据；

（2）可采集光照强度、二氧化碳浓度、指定水域 pH 值等数据；

（3）可测量大棚外雨雪状态、风速风向等数据；

（4）可实现喷淋和滴灌装置的手工和自动控制；

（5）可实现通风装置、升温装置、加湿装置的手工和自动控制；

（6）可通过对灯光及遮阳装置的控制，实现棚内光照情况的手工和自动调节；

（7）可实现对大棚内人员出入情况的监测和记录；

（8）可实现远程视频监看大棚内情况；

（9）可实现对异常情况的报警，包括现场声光报警及警示信息的远程推送。

2. 主要技术指标

（1）大棚内部各传感器节点与网关之间采用 ZigBee 通信方式；

（2）大棚智能网关通过 WiFi 连接互联网；

（3）远程控制延时<2s。

10.7.3 参考文献

［1］张小伟．基于物联网技术的农业大棚监控系统研究［D］．西安：陕西科技大学，2014.

［2］王冬．基于物联网的智能农业监测系统的设计与实现［D］．大连：大连理工大学，2013.

［3］孙丽婷．基于无线传感器网络的农业大棚监控系统设计［D］．大连：大连理工大学，2013.

10.8 住宅小区安防系统

10.8.1 设计要求

住宅小区安防系统在住宅小区的物业管理和安全防范工作中起着极其重要的作用，它是住宅小区控制系统的关键组成要素。住宅小区安防系统是实现智能化小区集中管理、安全防范最有效的技术措施，是将人防、技防、物防有效结合，为住户创造一个理想的、安全的、满意的住宅环境空间。

本设计要求基于无线通信技术、RFID 技术、传感技术等，开发完成一套能满足现代住宅小区管理需求的安防系统。系统至少应包括门禁子系统、视频监控子系统、周界防范子系统、家庭设防及报警子系统等。系统应具备稳定性高、易维护、易扩展等特点。

10.8.2 系统功能及主要技术指标

1. 系统功能

（1）门禁管理包括小区各大门门禁管理及各楼宇单元门门禁管理；

（2）门禁系统以射频卡或指纹作为身份验证形式；

（3）可远程实现门禁授权及权限冻结；

（4）可实现监控视频的实时查看、录制、回放、抓拍等操作；

（5）小区围墙（围栏）上布置有智能探测器，当有非法跨越发生时，系统能实现准确判断及报警；

（6）家庭室内可实现设防和撤防等两种及以上状态（情景模式）的切换；

（7）当家庭处于设防状态时，若有非法人员入侵，则系统向物业部门及业主推送警示信息；

（8）物业部门可实现与电梯及家庭的语音对讲。

2. 主要技术指标

（1）家庭终端支持数不低于 300 个；

（2）单元门门禁系统终端支持数不低于 10 个；

（3）可支持围墙总长度不少于 400m；

（4）可支持摄像头数不少于 20 个。

10.8.3 参考文献

［1］ 周舟. 住宅小区安防系统的设计应用 ［J］. 企业经济，2010（09）：134-136.

［2］ 夏汉川，吴伟民，谢嵘，等. 智能家居家庭安防系统的设计与实现 ［J］. 现代计算机（专业版），2005（01）：63-67.

［3］ 马青. 物联网模式下的智能小区综述 ［J］. 微型电脑应用，2011（05）：54-56，64，70.

［4］ 王晟，韩晓红，郭丽. 基于 RFID 技术的综合服务智能小区系统开发与实现 ［J］. 自动化与仪器仪表，2015（05）：196-197.

［5］ 韩晓艳. 基于物联网的智能小区安防平台 ［D］. 长春：吉林农业大学，2016.

10.9 酒店传菜机器人系统

10.9.1 设计要求

酒店传菜机器人属于面向餐饮领域的专用服务机器人，是一种能够自主或半自主地为顾客提供服务、降低员工工作强度的智能机器人。它的出现达到了节约成本、节省劳动力、管理便利、吸引人气等诸多良好的效果。目前在欧美国家，餐厅服务机器人已经有较为成功的应用，在我国一些餐厅也有部分应用案例。

本设计要求基于无线通信技术、RFID 技术、传感技术、导航技术、人工智能等，开发完成一套能满足现代酒店行业使用需求的传菜机器人系统。通过应用本系统，酒店能将部分传菜任务由机器人完成，提高传菜效率，节省人力成本等。系统应具备稳定性高、易操作、安全系数高等特点。

10.9.2 系统功能及主要技术指标

1. 系统功能

（1）具备通信功能，能实现机器人和总控端之间的通信；

（2）能通过菜盘上的电子标签，准确判断菜盘对应桌号和菜名；

（3）能判断菜盘是否居于托盘指定位置中央，如菜盘过偏，则给出报警提示；

（4）能循迹行驶，在岔路口能准确选择路径；

（5）行驶过程中，若路径上有物体时，能提前减速直至停止，并语音提示人类协助挪走障碍物，若障碍物一定时间内未被移除，则及时将警示信息发送至总控端；

（6）行驶过程中，若路径上有人体时，能提前减速直至停止，并以礼貌用语提醒人类注意避让，若长时间受阻，则及时将警示信息发送至总控端；

（7）当菜品准确送至指定餐桌前时，实现自动语音播报菜名，并提醒顾客将指定菜盘端走；

（8）当托盘内所有菜盘准确送至指定餐桌并被取走后，机器人自动返回后厨指定位置。

2. 主要技术指标

（1）能支持一次传送菜盘不少于 3 个；

（2）持续运行时间不小于 2h；

（3）行驶速度介于 1~3km/h 之间，且可调。

10.9.3 参考文献

［1］ 顾菊芬，李泓 . 基于双核异构混合系统的智能餐厅助手服务机器人［J］. 实验室研究与探索，2015（12）：57-60.

［2］ 周陆洲 . 餐厅服务机器人的应用分析［J］. 科技风，2015（15）：122-123.

［3］ 苏杰仁，张立，程院莲 . 寻轨式语音播报送餐机器人系统的软硬件设计［J］. 单片机与嵌入式系统应用，2015（08）：59-62.

［4］ 郝永江，王春军，秦明明，等 . 智能餐厅服务系统机器人设计［J］. 科技视界，2014（07）：57-58.

10.10 住宅小区巡逻机器人系统

10.10.1 设计要求

目前住宅小区的安全主要依赖门禁系统、摄像头监控、周界防范、保安巡逻等，其中保安巡逻是极其重要的一环，但在纯人工管理方式下，无论保安人员是否充足，都很难做到 24h 不间断且高效地巡逻，而巡逻机器人能在一定程度上弥补这一缺陷，替代保安巡逻，节约人力成本。

本设计要求基于自主定位导航技术、多传感器融合技术、智能控制技术、智能移动式安防技术等，开发完成一套能满足现代住宅小区安防巡逻需求的巡逻机器人系统。系统应具备稳定性高、易维护、易扩展等特点。

10.10.2 系统功能及主要技术指标

1. 系统功能

（1）具备通信功能，能完成指令下发、数据及图像或视频上传（推送）等；

（2）能实现 GPS 路径导航，按下发的路径完成巡逻；

（3）巡逻过程将视频实时传输至视频监控中心；

（4）在深夜巡逻时，若发现附近有人员出现，则暂停巡逻，转而追踪拍摄并录制视频，即时上传至服务器；

（5）能实现远程遥控、声光报警、双向语音对讲等；

（6）能实现避障绕行，当机器人自身遭遇异常情况（被困等）时，及时通知人员前往维护；

（7）电量较低时，则中断巡逻，及时返回固定场所自动充电。

2. 主要技术指标

（1）行驶速度介于 1～15km/h 之间，且可调；

（2）持续运行时间不小于 2h；

（3）越障高度>5cm；

（4）跨沟宽度>5cm。

10.10.3　参考文献

［1］ 黄衍标，罗广岳，何铭金.BP 神经网络在巡逻机器人多传感器数据融合中的应用［J］.传感技术学报，2016（12）：1936-1940.

［2］刘彪.室外监控机器人的微小型组合导航系统设计［D］.哈尔滨：哈尔滨工程大学，2011.

［3］郭毅.智能巡视机器人的研究与开发［D］.兰州：兰州大学，2014.

［4］赵其杰.服务机器人多通道人机交互感知反馈工作机制及关键技术［D］.上海：上海大学，2005.

［5］王家超.医院病房巡视机器人定位与避障技术研究［D］.济南：山东大学，2012.

第4篇

测控系统与仪器设计案例

第 11 章

智能仪器与机器人设计

本章介绍汽车智能防撞防盗报警系统、太阳能光伏转换智能控制器、基于虚拟仪器和USB接口的数据采集器、电动机性能综合测试平台四个智能仪器设计案例，以及引导机械手、环境监测遥控机器人两个机器人设计案例。智能仪器以单片机和计算机为信号处理器，选用合适的传感器，进行总体方案设计、硬件电路设计和软件设计，设计案例均为优秀毕业设计成果，系统调试、运行正常，可以作为本科生进行相关测控系统与仪器设计时的参考。机器人设计部分，内容来源于全国仪器类专业大学生优秀毕业设计成果。通过本章的学习，可以培养和锻炼学生综合设计、应用开发和创新实践能力。

11.1 汽车智能防撞防盗报警系统

11.1.1 设计要求

（1）采用现代化遥感、遥测、遥控技术，选用超声波传感器、红外传感器，利用单片机控制信号的产生、接收、处理，实现防撞防盗系统的智能化。对于物体和人体的检测这一非电量通过选择合适的传感器将非电量转换成单片机能接收的信号，并对信号处理及最终显示。

（2）防撞系统通过单片机控制超声波的发射和接收，经放大电路将传感器传送来的信号接至单片机，由计数器进行计数，由单片机内部程序进行距离计算并最终显示。

（3）防盗系统通过单片机接收传感器检测信号，进行防盗信号的发射，并通过遥控器给司机报警信号，由司机进行一定的控制。

11.1.2 系统方案设计

1. 防撞防盗系统主框图（见图 11-1）

2. 遥控器控制框图（见图 11-2）

3. 系统功能

（1）测量障碍物距离：0~5m。

（2）显示方式：静态连续显示。

（3）检测人体：采用红外线传感器，如有盗窃，能及时将信号传到单片机。

（4）报警处理：对所测的参数进行超限判断，如超限，给出声光报警。

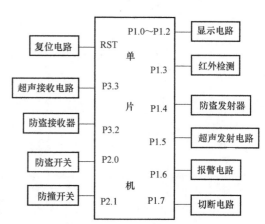

图 11-1　防撞防盗系统主框图

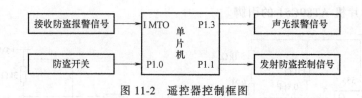

图 11-2　遥控器控制框图

（5）发射和接收功能：通过防盗发射器和接收器实现，由单片机控制；另有遥控器对防盗信号进行遥控。

4. 工作原理

（1）传感器的选择：汽车防撞系统涉及距离的检测，根据测量的环境和要求，利用超声波测距具有测量灵敏度高、穿透力强、测量速度快、测量角度大的特点，可对较大范围内的物体进行检测。本系统选用 MA40EIS 超声波发射传感器和 MA40EIR 接收传感器。

防盗系统采用红外传感器 TX05D，它是一种一体化红外发射、接收器件，内部包含红外线发射、接收、信号放大与处理电路，能以非接触方式检测出前方一定范围内的人体或物体，并转换成高电平输出。TX05D 内部采用了低功耗器件和抗干扰电路，工作稳定可靠、性能优良。

（2）防撞检测：本系统选用单片机 AT89C51 为信号控制器。具体工作过程如下：防撞开关与 AT89C51 的 P2.1 引脚相连，开关合上时，AT89C51 的 P1.5 端置 0 发射超声波，计数器开始计数。超声波接收电路接收到信号并将信号输入到中断 1（为边沿触发），接收到信号的同时计数器关闭，读出计数值，进行距离计算。此距离与报警距离比较，当小于报警距离时，显示距离并且 AT89C51 P1.6 置 0 进行声光报警；当大于报警距离时，不报警。

（3）防盗检测：由红外传感器集成电路输入有效信号给单片机 AT89C51。当红外传感器检测到人体时输出高电平经反相器后由单片机接收进行防盗控制，控制发射器发出防盗信号（脉冲），驾驶员通过身边的遥控器接收信号并进行相应的处置，同时切断启动电路。

具体工作过程如下：防盗开关与单片机的 P2.0 引脚相连，开关合上时，进入防盗状态，并延时一段时间，以确保主人离开，防止误报警。当 TX05D 检测到人体时输出高电平经反相器后将单片机的 P1.6 端置 0 进行声光报警，P1.7 端置 0 切断启动电路，此时 P1.4 端发出连续的 50kHz 脉冲经缓冲后由发射器 CZ7F 发射，由遥控器接收进行声光报警。

遥控器工作过程如下：遥控器内置单片机 AT89C51，当中断 0 接收到边沿触发信号时进入报警程序，单片机的 P1.3 端置 0，进行声光报警。当检测到关闭开关合上时，关闭声光报警；单片机的 P1.1 输出脉冲信号，发射器发射频率信号，由汽车里的报警装置接收（此控制是防止汽车里的声光报警误报警），同时遥控器自身的中断 0 关闭，以防误报警。

11.1.3　硬件电路设计

1. 超声发射与接收电路

（1）超声发射电路：由 555 时基电路和超声波发射探头组成，如图 11-3 所示。单片机 AT89C51 的 P1.5 端反相后接 4 引脚，控制 555 时基电路产生 40kHz 的频率信号（此时超声波振幅最大）给超声波发生器，由超声波探头发射的超声波射向障碍物。

（2）超声接收电路：由超声波接收探头 MA40EIR、放大器和整形器组成如图 11-4 所示，由障碍物反射回来的超声波经接收探头变换为电脉冲信号，再由放大器、整形器放大和整形后送入到单片机 AT89C51 的引脚。

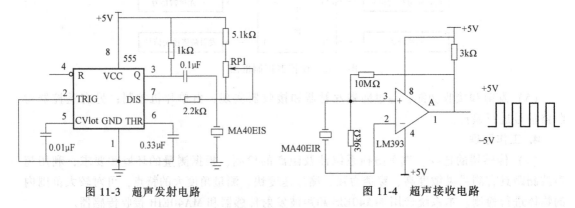

图 11-3　超声发射电路　　　　　　　图 11-4　超声接收电路

2. 防盗报警电路和切断点火开关电路

（1）报警电路：如图 11-5 所示，由 555 电路和扬声器组成。系统正常工作时，AT89C51 的 P1.6 端输出高电平，经反相器后为低电平，555 不工作，扬声器不发声。当接收到报警信号时，AT89C51 的 P1.6 端输出低电平，经反相器后为高电平，此时 555 振荡，经过电容耦合滤除直流分量使扬声器发出报警声音，同时发光二极管经过晶体管驱动后发光。

（2）切断电路：如图 11-6 所示，正常工作时 AT89C51 的 P1.7 端输出高电平，经反相器后为低电平，光耦不导通，两个晶体管都不导通，继电器常闭触点不动作，点火开关能正常接通；当有报警信息时，AT89C51 的 P1.7 端输出为低电平，经反相器后为高电平，光耦导通，继电器接通，它的常闭触点断开，则点火开关不能正常接通，防止有人将汽车开走。

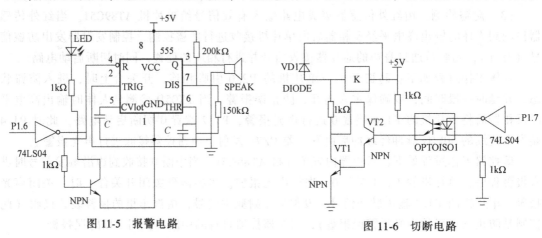

图 11-5　报警电路　　　　　　　　　图 11-6　切断电路

3. 防盗发射电路和接收电路

（1）发射组件 CZ7F：内部由高频管 MPSH10 做载波振荡和发射，另外加一级输入信号晶体管 8050 放大器等组成，调制方式为调频，载波频率为 280MHz，工作电压为 6~12V，调制电压为 6V。该组件有 3 个引脚，1 脚 VDD 为正电源端，2 脚为调制信号输入端，3 脚 VSS 为负电源端。

（2）接收组件 CZ7J：由检波解调电路和功率电路 LM 358 等组成，与 CZ7F 配对使用，工作电压典型值为 6V。其外部也有 3 个引脚，1 脚 VDD 为正电源端，2 脚为解调信号输出端，3 脚 VSS 为负电源端。

这对遥控组件电路成熟、工作稳定、可靠性高，可用来传送数字信号或模拟信号，有效工作距离不少于 600m。

（3）防盗发射电路：正常工作时 AT89C51 的 P1.4 端为高电平，不发射脉冲，发射器不工作。当检测到防盗信号时（即人体时），内部程序用定时器控制发射一 50kHz 的脉冲，经反相器缓冲后，发射器工作，发射所需的信号。

（4）防盗接收电路：当遥控器上的发射器发射脉冲时，此接收器接收到信号，经放大、整形后输出的信号由单片机中断口接收，并转入相应的中断程序进行处理。

11.1.4 系统软件设计

1. 软件设计思想

防撞程序由计数、中断接收、计算距离、二进制数到 BCD 码的转换、比较报警和显示模块组成。防盗程序由检测信号、发射防盗信号、报警、中断接收遥控器信号等模块组成。对于遥控器其程序较为简单，由中断接收、报警模块组成。

2. 软件功能

（1）监测功能：当监测按键按下时，单片机做出相应处理。

（2）显示功能：显示距离、报警信息。

（3）中断功能。

（4）数据转换功能。

11.2 太阳能光伏转换智能控制器

11.2.1 设计要求

从光电转换、储能、光照度检测、照明自动控制等方面，进行太阳能光伏转换智能控制器的设计。前向通道完成信号转换和采集，单片机完成数据处理和控制功能，液晶显示器显示蓄电池电压和光照度。当系统处在充电模式时，若蓄电池已充满，为防止过充将自动断开充电开关；当处于工作状态下，若蓄电池电压过低，则自动把蓄电池与负载断开，自动切换到市电供电。控制器具有以下功能：

（1）支持 24V 直流系统工作电压；

（2）蓄电池电量不足时，自动切换到市电电源供电；

（3）能检测太阳电池的电压，自动切换工作模式；

（4）能检测蓄电池的电压，对蓄电池的充、放电过程进行控制；

（5）具有防反充电保护、过充电保护和负载短路保护功能；

（6）具有光照度的检测功能。

11.2.2 系统方案设计

系统总体设计框图如图 11-7 所示，主要由太阳电池组、光照度检测电路、蓄电池、信号采集电路、单片机、LCD 显示器、LED 照明、继电器等部分组成。前向通道完成光照度和蓄电池电压信号的采集，单片机完成采集数据的处理和转换，控制继电器动作，液晶显示器用于显示蓄电池电压和光照度。系统定时采集蓄电池的电压，实时在液晶显示器上显示，根据蓄电池的电压值完成相应的控制：当处于充电模式时，若蓄电池已充满，为防止过充将自动断开充电开关；当处于工作状态下，若蓄电池电压过低，则自动把蓄电池与负载断开。

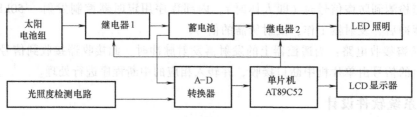

图 11-7　系统总体框图

11.2.3　系统硬件设计

1. 光照度检测

光照度检测采用 BS500B 光敏二极管为光电转换器件，其输出电流时每 100lx 为 0.55μA；采用 LF411AN 运算放大器对信号进行放大，反馈电阻 R_F 取为 360kΩ，可以得到 2mA/lx 的灵敏度。对于灵敏度的分散性，可以用可变电位器进行调整。当光照度在 0~2000lx 变化时，输出电压的变化范围是 0~4V。

2. A-D 转换器

A-D 转换器选用 ADC0808。ADC0808 是 CMOS 单片型、8 位逐次逼近式 A-D 转换器。它由 8 路模拟开关、地址锁存与译码器、比较器、8 位开关树型 A-D 转换器组成，要求时钟频率不高于 640kHz，单一 +5V 电源供电，转换时间为 100μs，模拟输入电压范围为 0~5V，不需零点和满刻度校准，功耗低（约 15mW）。

3. 单片机 AT89C52

AT89C52 是 Atmel 公司生产的低电压、高性能 CMOS 8 位单片机，与标准 MCS-51 指令系统及 8052 产品引脚兼容，片内置通用 8 位中央处理器（CPU）和 Flash 存储单元，功能强大，适用于许多较为复杂控制的应用场合。

AT89C52 提供以下标准功能：8KB Flash 闪速存储器，256B 内部 RAM，32 个 I/O 口线，3 个 16 位定时/计数器，1 个 6 向量两级中断结构，1 个全双工串行通信口，片内振荡器及时钟电路。空闲方式停止 CPU 的工作，但允许 RAM 定时/计数器、串行通信口及中断系统继续工作。

4. LCD 显示器

本系统选用 SMC1602LCD 显示器，可以显示两行，每行 16 个字符。字符型 LCD1602 通常有 14 条引脚线或 16 条引脚线，多出来的 2 条线是背光电源线 VCC（15 脚）和地线 GND（16 脚），其控制原理与 14 脚的 LCD 完全一样。

5. 继电器

继电器选用固态继电器，它是一种无触点通断电子开关，利用电子元件（如开关晶体管、晶闸管、双向晶闸管等半导体器件）的开关特性，可无触点无火花地接通和断开电路。它是四端有源器件，其中两个端子为输入控制端，另外两端为输出受控端。其输入电压为

DC 3~32V，输入电流为 6~35mA，输出电压为 DC 12~200V，通断时间小于 10ms，隔离电压大于 AC1500V。

11.2.4　系统软件设计

软件设计部分主要由定时器 0、外部中断 0、外部中断 1 完成相应的控制任务，采用中断的方式提高了系统响应的实时性。系统软件流程图如图 11-8 所示。

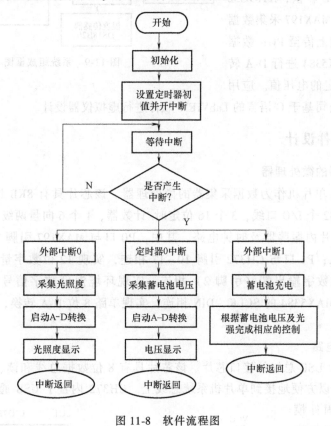

图 11-8　软件流程图

11.3　基于虚拟仪器和 USB 接口的数据采集器

11.3.1　设计要求

为了满足工程测量对数据采集的需要，采用 LabVIEW 图形化开发软件平台，结合单片机技术和 USB 接口技术，应用高精度、高速度的 A-D 转换和 D-A 转换器件，设计具有 8 路 12 位数据采集、1 路 8 位 D-A 输出的数据采集器，同时具有环境温度测量、数据（波形）处理和分析功能，可以广泛应用于工程技术领域。

11.3.2　系统方案设计

基于虚拟仪器和 USB 接口的数据采集器主要由数据采集模块、模拟量输出模块、温度测量模块、存储器模块、AT89C52 单片机、USB 接口电路、PC 及 Lab-VIEW 图形化软件等构成。系统组成框图如图 11-9 所示。

多路模拟信号接入 MAX197 的 8 个输入通道进行 A-D 转换，AT89C52 单片机将接收到的 MAX197 采集数据通过 USB 接口总线上传至 PC；数据输出部分选用 MAX5384 进行 D-A 转换，输出 PC 所设定的电压值。应用

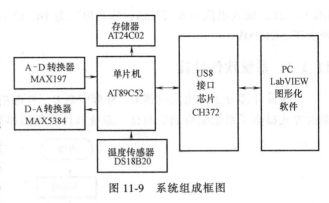

图 11-9　系统组成框图

程序设计采用 NI 公司基于 G 语言的 LabVIEW 软件进行虚拟仪器设计。

11.3.3　系统硬件设计

1. 数据采集器的微处理器

采用 AT89C52 单片机作为数据采集器的微处理器。该芯片具有 8KB Flash 闪速存储器，256B 内部 RAM，32 个 I/O 口线，3 个 16 位定时/计数器，1 个 6 向量两级中断结构，1 个全双工串行通信口，片内振荡器及时钟电路。其中，P0 口与 MAX197 引脚 7~14 相连，实现 12 位数字量的输入；P1 口与 CH372 引脚 10~17 相连，实现 12 位数字量的输出；P2 口中 P23 与 DS18B20 的数字输出端（引脚 2）相连，实现环境温度数字信号的输入；P3 口中 P30、P31 分别与 MAX5384 的 SCLK、DIN 相连，实现单路 8 位 D-A 转换，P3 口其余引脚主要应用其第二功能。

2. USB 接口电路

选用 CH372 为 USB 总线的接口芯片。该芯片具有 8 位数据总线和读、写、片选控制线以及中断输出，可以方便地接到单片机系统总线上。CH372 内置了 USB 通信中的底层协议，具有省事的内置固件模式和灵活的外置固件模式；全速 USB 设备接口，兼容 USB2.0，即插即用；通过 Windows 程序提供设备级接口，通过 DDL 提供 API 应用层接口。应用时，将 8 位数据线（D1~D7）与 AT89C52 的 P1 口连接，上端通过 USB 接口与 PC 的 USB 相连，实现数据采集器与 PC 的通信。USB 接口电路如图 11-10

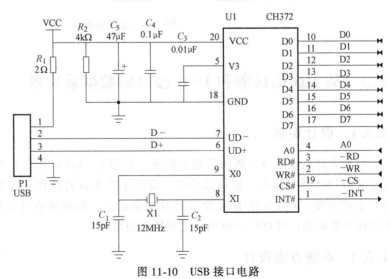

图 11-10　USB 接口电路

所示。

3. A-D 转换电路

选用 MAX197 芯片为 A-D 转换器。MAX197 是一种多量程、12 位 A-D 转换器，工作电压为 5V。该芯片有 8 个独立的模拟输入通道，4 个可编程输入量程（±10V、±5V、0~+5V、0~+10V），具有 5MHz 的带宽、8+4 并行数据接口，参考电压为 4.096V，最高采样频率可达 100kHz。8 路模拟信号通过 CH0~CH7 输入，转换为 12 位数字信号。A-D 转换电路如图 11-11 所示。

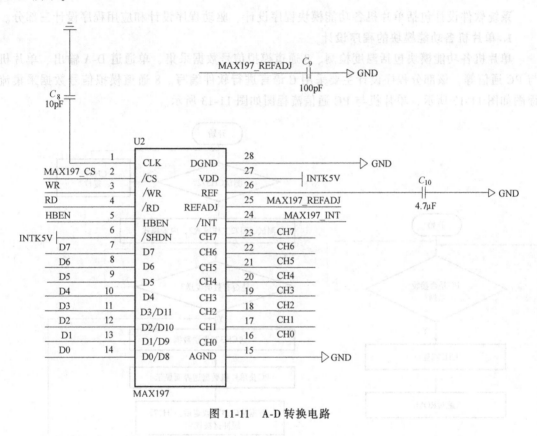

图 11-11　A-D 转换电路

4. D-A 转换电路

选用 MAX5384 作为本系统中的 D-A 转换器，实现模拟量输出的功能。该芯片采用串行接口，操作频率可达 10MHz，内部参考电压为 4V，并且支持的电压范围为 +4.5~+5.5V。MAX5384 只需要 150μA 的电流就可以工作，并且提供了一个电压输出缓存。MAX5384 启动时会清空 D-A 转换器的寄存器，并且保持到新的命令写入 D-A 转换器寄存器，这种特性对外围设备提供了额外的安全保护。D-A 输出信号的大小通过 PC 虚拟仪器前面板进行调节。

5. 温度测量

选用 DS18B20 芯片作为本系统环境温度测量传感器。DS18B20 具有独特的一线接口，无需外部元件，简化了设计；可用数据总线供电，电压范围为 3.0~5.5V；测量温度范围为 −55~+125 ℃；可编程的分辨力为 9~12 位。在模拟信号测量时，对于由于温度影响产生的误差进行软件修正，以提高测量的精度。

6. E²PROM 电路

采用 AT24C02 芯片作为系统中的 E²PROM。实现 USB 自定义 PID 和 VID 的功能，应外接 E²PROM 来存储 PID 和 VID。AT24C02 是 I²C 总线串行 E²PROM，其容量为 1KB，工作电压在 1.8~5.5V 之间，采用 CMOS 生产工艺。

11.3.4 系统软件设计

系统软件设计包括单片机各功能模块程序设计、驱动程序设计和应用程序设计三部分。

1. 单片机各功能模块的程序设计

单片机各功能模块包括温度检测、8 通道模拟信号数据采集、单通道 D-A 输出、单片机与 PC 通信等，该部分程序设计主要采用 C 语言进行软件编写。8 通道模拟信号数据采集流程图如图 11-12 所示，单片机与 PC 通信流程图如图 11-13 所示。

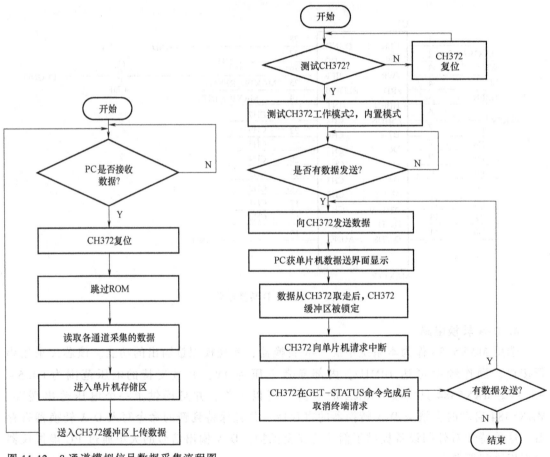

图 11-12　8 通道模拟信号数据采集流程图　　　　图 11-13　单片机与 PC 通信流程图

2. 驱动程序设计

按照 USB2.0 规范，符合 USB2.0 的总线驱动程序应该采用 WDM 类型，通用的 USB 驱动程序是一个标准的 WDM 驱动程序。USB 设备驱动程序通过创建 URB(USB 请求块)，并使用

USB 驱动程序接口（USBDI），将 URB 提交总线驱动程序完成硬件操作。

在 Windows 操作系统下，开发 WDM 驱动程序可选择 DDK 开发工具，主要有 4 个驱动例程：入口例程（DriverEntry）、即插即用例程（AddDevice）、分发例程和电源管理例程。由于篇幅限制，仅简述即插即用例程的设计。

功能驱动程序的 AddDevice 函数的基本职责是创建一个设备并把它连接到以 PDO 为底的设备堆栈中。AddDevice 程序中部分代码如下：

```
NTSTATUS    Ezusb-PnPAddDevice（IN-PDRIVER-OBJECT  DriverObject, IN-PDEVICE-
OBJECT PhysicalDeviceObject）
    {
NTSTATUS                ntStatus = STATUS-SUCCESS;
PDEVICE-OBJECT          fdo = NULL;
PDEVICE-EXTENSION       pdx;
ntStatus = IoCreateDevice（DriverObject,
                Sizeof（DEVICE-EXTENSION）,
                &deviceNameUnicodeString,
                FILE-DEVICE-UNKNOWN
                    0,
                        FALSE,
                        DeviceObject）;
        if（NT-SUCCESS（ntstatus）}
}
//Initialize our device extension
Pdx =（PDEVICE-EXTENSION）（（ * DeviceObject）->DeviceExtension）;
    RtlCopyMemory（pdx->DeviceLinkNameBuffer,

deviceLinkBuffer,
                sizeof（deviceLinkBuffer））;
    ……
```

3. 系统应用程序设计

采用 NI 公司的 LabVIEW 图形化软件进行系统应用程序设计，主要包括系统主界面、数据采集、数据处理与分析、模拟信号演示等部分。

系统主界面设计主要为用户提供一个人性化的人机对话操作界面，设置数据采集、信号处理与分析、模拟信号演示、模拟信号输出等功能，极大地方便用户使用。

数据采集程序设计具有通道选择、参数设置、数据采集、数据保存等功能。数据采集程序如图 11-14 所示。

数据处理与分析程序设计主要包括信号的运算（加、减）、信号放大、信号滤波、相关分析、频域分析等功能。数据处理与分析程序如图 11-15 所示。

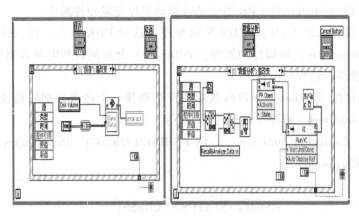

图 11-14　数据采集程序

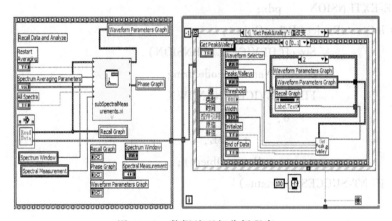

图 11-15　数据处理与分析程序

11.4　基于虚拟仪器的电动机性能综合测试平台

11.4.1　设计要求

　　针对直流电动机性能参数测试的需要，结合当前电动机测试技术的发展趋势，应用 LabVIEW 图形化软件平台，采用电压、电流、转速、转矩等传感器和 USB 数据采集卡设计一套电动机性能综合测试系统，实现电动机速度控制、参数测量、曲线显示、数据保存、历史数据查询及报表打印等功能。该测试平台的推广应用，可以提高电动机测试的效率、精确度和可靠性，科学、公正地评价电动机性能，推进电动机质量的改善。

11.4.2　系统方案设计

1. 电动机性能综合测试平台

　　电动机性能综合测试平台主要由电流、电压、转速和转矩传感器，PWM/SPWM 电动机控制器，加载机及其驱动电路，U18 数据采集卡，上位机及 LabVIEW 图形化软件等部分组成。传感器测量信号经过信号调理电路输出至数据采集卡输入端口，并将信号传送到上位机 LabVIEW 软件处理与显示。上位机通过数据采集卡 D-A 端口输出二路控制信号，其中一路信号通过 PWM/SPWM 控制器调节电动机转速，另一路信号输出至加载机及其驱动电路，给电动机施加负载，通过转矩传感器测量电动机的转矩。系统总体结构框图如图 11-16 所示。

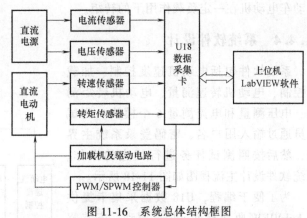

图 11-16　系统总体结构框图

2. 电动机速度控制与测量

调节上位机 LabVIEW 软件测试平台界面上转速控件将设定的转速值通过数据采集卡的 D-A 端口输出 1~4V 电压信号，加至 PWM/SPWM 驱动电路控制电动机运转速度。电动机转速通过霍尔转速传感器测量，通过测量电路将测量的脉冲信号整形后，输入至数据采集卡的定时/计数器端口，上位机通过计算实时显示电动机转速值。电动机速度控制与测量框图如图 11-17 所示。

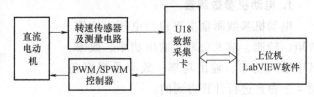

图 11-17　电动机速度控制与测量框图

11.4.3　系统硬件设计

1. 直流电源

系统采用 60V 直流稳压电源或电动车用 60V 蓄电池提供直流电源。将 60V 直流电源分别转换为 24V 和 5V 直流电压，为电流、电压、转速和转矩传感器及其测量电路提供工作电源。

2. 数据采集

系统选用的 U18 数据采集卡具有 16 路 A-D 通道、4 路 D-A 通道，分辨力均为 12 位；16 路开关量输入/输出、3 个 16 位定时/计数器。

电压传感器可将被测 0~200V 直流电压按照一定的比例关系输出为 0~5V 直流电压，其主要由一次线圈、二次线圈、磁心和霍尔传感器构成。

选用 HBC-LSP 闭环系列霍尔电流传感器测量直流电动机输入电流，额定电流为 50A，分辨力为 40mV/A。被测电流 I_P 通过导线穿过一圆形铁心时，将在导线的周围产生磁场 B，磁场的大小与通过导线的电流 I_P 成正比。根据霍尔效应，霍尔电势 U_H 与 I_P 成正比。根据传感器输出电压大小可测量电动机输入电流。

采用霍尔转速传感器测量转速。将 m 个磁铁粘贴在旋转体上，当被测物体转动时，磁铁也随之转动，霍尔传感器固定在磁铁附近，当磁铁转动经过霍尔传感器时，传感器便产生一个脉冲信号，测量时间 T 内的脉冲数 N，便可求出被测物体的转速 $n = N/mT$。被测物体上磁铁数目 m 决定了转速测量的分辨力大小。

转矩测量需要选用合适的转矩测量装置，将扭力测量应变片粘贴在被测弹性轴上，组成测量应变电桥，电桥供电电压为 24V 直流电源，电桥输出电压与转矩成正比，由此可测量电动车电动机在一定负载作用下的转矩。

11.4.4 系统软件设计

系统软件包括电动机速度控制、加载机控制、电动机转速测量、电动机转矩测量、电压测量和电流测量 6 个模块。测试人员通过输入用户名、密码登录系统主界面，然后按照测试任务进行相应的操作。系统软件设计主流程图如图 11-18 所示。

为了便于编程，U18 数据采集卡提供了 LabVIEW 驱动和 Windows 驱动。安装驱动之后，驱动函数存放在 LabVIEW 前面板编程菜单 user. lib 文件夹中。

1. 电动机参数测量

电动机参数测量主要包括电压、电流、转矩、转速、输入功率、输出功率、效率，其中输入功率、输出功率、效率是根据前面 4 个参数进行计算得到的。

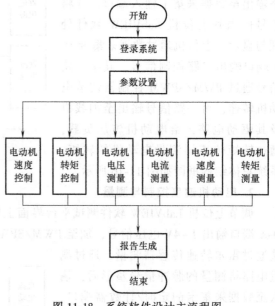

图 11-18 系统软件设计主流程图

电压、电流和转矩测量通过 ADINT 函数分别获取 U18 数据采集卡模拟输入口 CH0、CH1、CH2 值，再通过 ADread 读取 A-D 端口的数据。

转速测量将霍尔转速传感器输出的脉冲信号经整形后输出到 U18 计数通道 CLK0，计数值送至前 1s 变量 L_1 中，经过延时 1s 之后，将此时的计数值送至后 1s 变量 L_2 中。如果磁铁个数为 m，则有电动机转速 $n = 60 \times (L_1 - L_2)/m$（60 为 60s，即 1min），电动车速度 $v = 2\pi Rn$（R 为电动车轮胎半径，单位为 m；n 单位为 r/min；v 单位为 m/min）。

2. 功率与效率计算模块

输入功率 $P_{in} = UI$，单位为 W；

输出功率 $P_{out} = Mn/9.55$（M 为转矩，单位为 N·m；9.55 为转换系数），单位为 W；

效率 $\eta = P_{out}/P_{in} \times 100\%$。

3. 曲线图与测试数据实时显示

（1）曲线图：使用了 Bundle 函数将绘图的 7 个参数绑定成一个簇，通过拖拽 Bundle 函数移动工具时出现的大小调节柄调整输入元素入口，如图 11-19 所示。

（2）表格实时显示测试数据：创建表格列属性和行属性，列属性设为 9 列，行属性设为 10 行，为了能够使列表实时显示 10 行数据，程序设计了一个循环，当测得数据大于 10 行时，表格数据能够自动向下移动，在前面板的表格始终能够观察到 10 行的数据。

4. 测试数据保存、查询和报表生成

（1）测试数据保存：系统采用 Access 数据库进行测试数据的管理。在建立数据库前需要安装 NI 公司的数据库工具包 Database Connectivity。新建 Access 数据库文件命名为"电动机测试数据库 .mdb"，右击"电动机测试数据库 .mdb"所在的文件夹，选择"新建"→"Microsoft 数据库链接"命令。

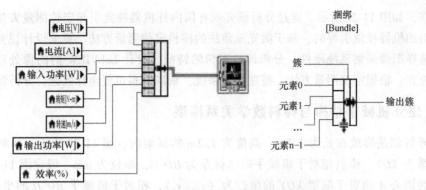

图 11-19　图表曲线显示程序图与捆绑函数

表名从 LabVIEW 系统时间/日期字符串函数获取，每次测试时当天测试数据全部保存在一个表中，表中列名称依次为序号、电压、电流、输入功率、转矩、转速、输出功率、效率、时间等。测试系统运行主界面如图 11-20 所示。

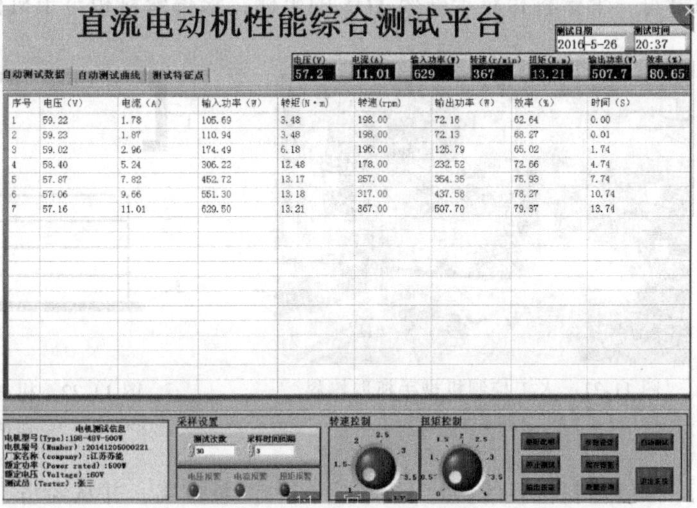

（2）测试数据查询及报表生成：利用 LabVIEW 和 Microsoft 的通信，可以将测试记录以 Word.doc 格式存储。测试数据可以通过本系统"历史数据查询"功能，实现数据查询。单击"生成报表"按钮，便可以输出 Word 报表。在 LabVIEW 中实现报表功能，需要安装 NI 公司提供的 Report Generation 工具包，安装后相关 VI 将会出现在"函数选板编程"→"报表生成"中。

图 11-20　测试系统运行主界面

5. 转矩与转速控制系统

虚拟仪器界面模拟电动机加载功能和电动机调速手柄。通过数据采集卡 DA0 输出 0~5V 电压到驱动电路，电路驱动电动机加载装置，实现电动机转矩手动加载功能；通过数据采集卡 DA1 通道输出 1~4V 电压到电动机 PWM/SPWM 控制器，调节电动机转速。

11.5　引导机械手抓取棒料的定位测量

11.5.1　设计要求

近年来，随着机器视觉引导技术的蓬勃发展，更多的工厂在自己的机械手上面装配了机器视觉引导系统。本节设计一个基于视觉引导系统的机械手完成自动搬运工作，代替企业现代手动搬运工作，如图 11-21 所示。通过分析研究现有国内外机器视觉引导定位测量方法，设计一种激光辅助的机器视觉引导的、基于激光三角法的棒料定位测量方法。要求设计视觉测量系统结构，并选择图像采集系统硬件；分析棒料图像的特征，设计 LabVIEW 的图像处理软件，计算棒料的位置。根据定位测量方法，搭建实验系统，获取棒料位置坐标数据，分析误差。

11.5.2 建立机械手结构与棒料数学关系模型

所有棒料都是堆放在长为 1.8m，高度为 1.2m 的框架内，图 11-22 所示，棒料相对于框架的坐标系为 XOY，棒料相对于机械手的坐标系为 $HO'D$，单位为 mm。假设图 11-22 中某根棒料端面的圆心 A 相对于框架 XOY 的坐标为 (x_i, y_i)，相对于机械手 $HO'D$ 的坐标为 (d_i, h_i)，则它们之间的关系为 $d_i = x_i$，$h_i = H - y_i$，H 为机械手距离框架底部的距离。因此，通过测量每一个棒料相对于框架 XOY 的坐标，求得棒料相对于机械手 $HO'D$ 的坐标。

图 11-21　人工控制机械手抓取棒料

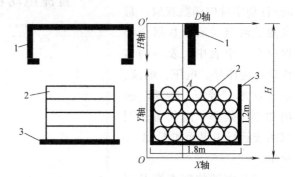

图 11-22　机械手结构与棒料数学关系模型
1—机械手　2—棒料　3—框架

围绕棒料位置的测量，研究了三种测量方案，并从经济、技术、安装等多角度分析各种方案的优缺点，最后采用如图 11-23 所示的方案。相机和激光器并排水平装夹在机械手的一只抓取臂上，拍照时机械手下降到某一层棒料附近，一字线激光器就会在棒料的端面上投射出横线，相机拍摄棒料的端面图像。通过图像处理可以获得一段段激光亮斑线，再求出这一段段激光亮斑线的中心像素坐标，经过摄像机标定即可求出棒料的实际位置坐标，将这些实际位置坐标发送给控制系统即可操纵机械手进行抓取。

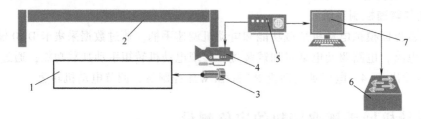

图 11-23　视觉测量系统原理图
1—棒料　2—机械手　3——字线激光器　4—工业相机　5—图像采集卡　6—控制系统　7—计算机

11.5.3 图像处理

软件设计中图像处理部分的核心任务就是获取棒料的位置坐标，即端面的圆心坐标，采用的原理是三角测量法。以下以计算横坐标（棒料之间的距离，即中心距）为例，说明图像的处理及计算方法。通过测量系统拍照得到的图像如图 11-24 所示。开发工具为 LabVIEW，图像经过阈值分割、数学形态学、BLOB 分析等处理，得到如图 11-25 所示的图像，经过垂直取点算法，中心点像素坐标如图 11-26 所示。经过标定处理，可以获得中心点坐标。

图 11-24　棒料图像

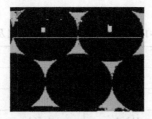
图 11-25　识别棒料圆心像素坐标点

图 11-26　输出的像素坐标数据

　　数据处理的另一个关键是去除掉重复的测量点数值。由于料框尺寸长，又要保证测量精度，采用多次测量方法，即机械手每隔一个步距平移一次进行扫描拍照。每次采集的图像经过处理后都会识别出若干个 BLOB 点（测量点），往往所有图像加起来的 BLOB 点个数会大于棒料的实际数量，因为有未知个数的 BLOB 点是重复的，同一根棒料在不同的图像中表现为不同的 BLOB 点。因此，需要设计算法使计算 BLOB 点个数等于棒料的实际个数。

　　算法思路：假设每次移动的步距为 d（单位：mm），第 i 张图中识别到了 m 个 BLOB 点，这 m 个 BLOB 点分别为 $(x_{i,1}, y_{i,1})$、$(x_{i,2}, y_{i,2})$、…、$(x_{i,m}, y_{i,m})$（单位：mm，已经过标定将像素值转换成实际值），而第 $i-1$ 张图中识别到了 n 个 BLOB 点，这 n 个 BLOB 点分别为 $(x_{i-1,1}, y_{i-1,1})$、$(x_{i-1,2}, y_{i-1,2})$、…、$(x_{i-1,n}, y_{i-1,n})$，若 $i=1$ 则不做任何处理，若 i 大于 1 则将第一组坐标中的横坐标全部加上 $d(i-1)$，得到一组新的坐标：$(x'_{i,1}, y_{i,1})$、$(x'_{i,2}, y_{i,2})$、…、$(x'_{i,m}, y_{i,m})$，这里的 $x'_{i,m}$ 为

$$x'_{i,m} = x_{i,m} + d(i-1) \tag{11-1}$$

再将 $(x_{i-1,1}, y_{i-1,1})$、$(x_{i-1,2}, y_{i-1,2})$、…、$(x_{i-1,n}, y_{i-1,n})$ 和 $(x'_{i,1}, y_{i,1})$、$(x'_{i,2}, y_{i,2})$、…、$(x'_{i,m}, y_{i,m})$ 一起按照升序的方式重新排列成为一个新的组合：(x_1, y_1)、(x_2, y_2)、…、(x_{m+n-1}, y_{m+n-1})、(x_{m+n}, y_{m+n})。得到坐标：(x_1, y_1)、(x_2, y_2)、…、(x_l, y_l)，这里 l 为棒料实际数量，界面如图 11-27 所示。

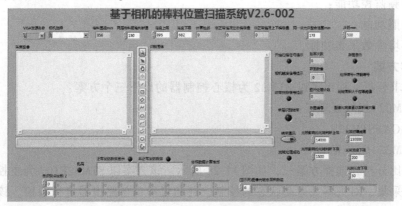
图 11-27　人机界面

11.5.4 测量结果分析

对 7 根棒料的中心距位置进行多次测量实验，数据总结如表 11-1 所示，其中 x 为棒料的实际位置，$\bar{x}$ 为测量数据的算术平均值，σ 为标准差，$\sigma_{\bar{x}}$ 为测量值的算术平均值的标准差，v 为 $\bar{x}$ 与 x 的差值，以上数据单位均为 mm。经计算最大绝对误差值为 7.2mm，满足系统精度要求。

表 11-1 7 根棒料中心距测量数据及分析 （单位：mm）

棒料编号	x/mm	$\bar{x}$/mm	σ/mm	$\sigma_{\bar{x}}$mm	v/mm
1	186	182.6	3.647	1.631	+3.4
2	296	292.8	11.756	4.810	+3.2
3	411	411.4	4.561	2.040	−3.4
4	531	536.2	6.458	2.889	−5.2
5	666	661.2	3.347	1.497	+4.8
6	781	788.2	6.907	3.089	−7.2
7	901	898.6	11.213	4.567	+2.4

11.6 环境监测遥控机器人

11.6.1 设计要求

针对未知、有害的测量环境，设计一种集视频监视、视频传输、环境信息采集功能于一身的远程控制机器人，在轮式机器人的基础上，对环境探测机器人的功能进行拓展与开发。

11.6.2 系统方案设计

1. 机器人基本功能

（1）运动功能；

（2）远程控制功能；

（3）视频监控功能；

（4）拍照功能；

（5）环境参数采集功能。

2. 总体方案

根据需求分析，提出了以 STM32 为核心控制器的以下三个方案：

（1）STM32+视频处理器；

（2）FPGA+STM32；

（3）STM32+OpenWrt。

经过对比分析，选择方案三，如图 11-28 所示。该方案以 STM32F103 为主控芯片，实现环境参数的采集、对机器人运动状态的控制，并通过串口与路由器进行通信。该方案简单灵活，成本较低，系统稳定性较高。

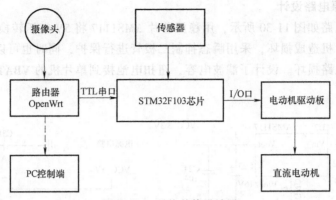

图 11-28　系统总体设计图

11.6.3　系统硬件设计

1. 环境参数测量电路设计

单片机时钟及环境参数测量电路如图 11-29 所示。图中包含了单片机的复位电路，晶振电路，温度、湿度及有害气体检测电路。设计采用外部晶振为单片机提供 32kHz 和 8MHz 的时钟频率，一氧化碳和可燃气体采用 SHT15 测量。

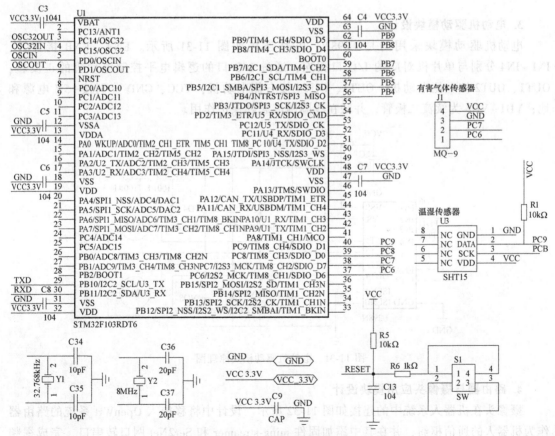

图 11-29　环境参数测量电路

2. 单片机电源电路设计

单片机电源电路如图 11-30 所示，用稳压芯片 AMS1117 将 5V 电压转换为 3.3V，为了防止峰值电压对单片机造成损坏，采用瞬态抑制二极管进行保护，同时也可以防止外部电源正负极接反时造成电路损坏。设计了滤波电容，纽扣电池接到单片机的 VBAT 脚上实现电源断电保存备份数据。

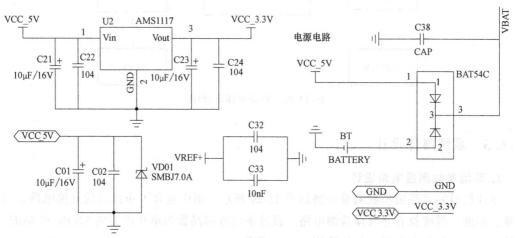

图 11-30　单片机电源电路原理图

3. 电动机驱动模块设计

电动机驱动模块采用的是 L298N，电路连接如图 11-31 所示。ENA、ENB 接 VCC，IN1～IN4 分别与单片机对应的 I/O 口相连，通过 I/O 口的逻辑电平控制电动机的正反转；OUT1、OUT2 接左侧电动机，OUT3、OUT4 接右侧电动机；VCC、GND 分别接+5V 电源和地；VD1～VD8 为续流二极管，并联在线圈两端起到保护作用。

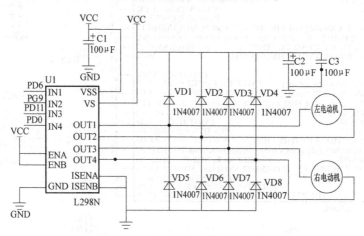

图 11-31　电动机驱动模块原理图

4. 路由器与摄像头应用模块设计

摄像头在机器人系统中的连接如图 11-32 所示。设计中将移植入 OpenWrt 系统的路由器作为机器人的通信枢纽，并在其中添加固件 mjpg-streamer 和 Ser2Net 网口转串口，完成视频数据的处理和上位机命令的转发。采用 USB 摄像头对外界环境图像进行采集，摄像头与路由器相连，路由器采用 5V 供电。

11.6.4 系统软件设计

1. 上位机软件设计

上位机软件采用 VS 2010 平台进行开发，用 C#语言进行编程。首先对系统进行初始化，包括图像界面美化、页面布局设置等。上位机软件完成的工作分为两方面，向下位机发送控制机器人的命令和处理下位机传送过来的环节参数和图像数据。软件工作主要流程如图 11-33 所示。控制端程序主要包括三个部分：视频识别、视频解码以及控制端界面设计。其中，控制端界面程序 MainForm.cs 主要包括以下几个函数：

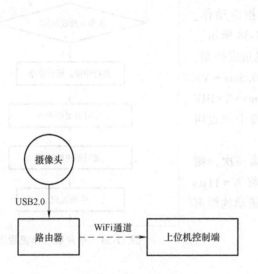

图 11-32 摄像头连接示意图

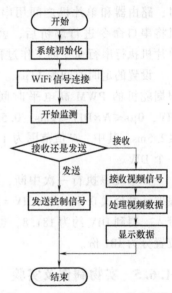

图 11-33 控制端软件工作流程图

（1）ButtonColorInit：设置界面中按钮的颜色，图形美化；

（2）GetInit：读取到变量里面，供整个程序进行调用；

（3）InitDataCallBack：数据回调；

（4）CustomButtonInit：读出按键名称和按键值。

当打开视频获取功能时，程序首先执行的是 OpenMJPEG 函数，这个函数调用 VideoSource 中的 MJPEGStream.cs 对视频解码；程序中将从 WiFi 模块读取出来视频地址 CameraIp 赋给 VideoSource，同时通过 OpenVideoSource 打开当前的视频来源。当打开视频时，Camera.cs 后台调用的 Start 函数把 WiFi 反馈回来的视频流线程解码，再通过 BitMap-FromStream 函数，把每一帧数据从视频流中读取出来，推送到 CameraWindow，就可以看到采集的视频图像。

2. 机器人运动模型分析

车体采用四轮结构，利用电动机差速控制小车运动方向。在建立车体运动模型时，可以将小车的运动状态简化为绕小车车体轴心的转动。假设 t 时间段内，车体中心从点 O （X，Y）运动到 O' （X'，Y'），方向偏转了 θ。当时间间隔非常小时，车体中心平移速度与转动角速度可近似为常数，因此可以得出车体运动方程为 $X\sin\theta - Y\cos\theta = 0$。假设左右驱动轮之间的距离为 L，左侧车轮的速度为 V_L，右侧车轮的速度为 V_R，根据运动学理论可以得到车体中心运动的速度、车体旋转的角速度及车体的运动半径分别为

$$V_C = \frac{V_L - V_R}{2}, \omega = \frac{V_L - V_R}{L}, R = \frac{L(V_L + V_R)}{2(V_L - V_R)}$$

3. 单片机软件设计

本设计采用 STM32F103ZET6 为主控制芯片，负责系统的控制、命令解析和环境参数测量等。当上位机向路由器发送命令后，路由器内部运行的 Ser2Net 服务程序将上位机发送的命令转发给串口，路由器和单片机之间用串口进行通信。单片机将串口命令进行解析后，就会执行相应动作。单片机执行串行命令的工作过程如图 11-34 所示。

设置的定时时间为 $11\mu s$。对于舵机角度控制，根据舵机的 PWM 高电平时间宽度：$0.5ms + N \times DIV$，$0\mu s \leqslant N \times DIV \leqslant 2ms$，$0.5ms \leqslant 0.5ms + N \times DIV \leqslant 2.5ms$，其中，$N$ 值范围为 $1 \sim 250$，每个位置叫一个 DIV。

如果设每执行一次中断，舵机运动一次，则根据计算公式 $0.5ms + N \times DIV = 2.5ms$，将 $N = 11\mu s$ 带入，得到 DIV 约为 181.8，也就是将转动的距离位置分为 181 份。

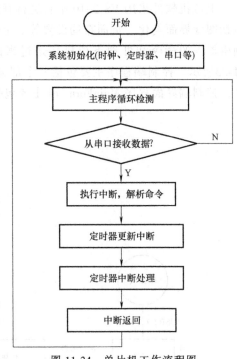

图 11-34　单片机工作流程图

11.6.5　实物制作及实验

按照系统硬件和软件的设计方案，进行实物制作，实物图及上位机控制界面如图 11-35 所示，可以看到摄像头采集到的画面在窗口中显示了出来。左侧为机器人的实物图，通过控制端发送指令，可以对机器人运动状态进行控制；在摄像头下安装了舵机，加大了监控视野；车载传感器可将采集到的信息在上位机界面中显示出来。实验结果表明，该机器人环境参数测量和传输准确，图像清晰，达到了设计要求。

图 11-35　机器人实物图及上位机控制界面

▶ 第 12 章

无线传感器网络与物联网系统设计

本章介绍基于 WSN 的火灾探测报警系统、基于 WSN 和 GPRS 的扬尘及噪声远程监测系统、基于物联网技术的太阳能路灯远程智能控制系统、桥梁健康状态远程在线监测系统 4 个无线传感器网络与物联网系统设计案例。无线传感器节点采用嵌入式系统（CC2530、Ardnino）；无线传感器网络分别采用 ZigBee 网关、ZigBee-GPRS 网关、GPRS（或 NB-IoT）模块，实现近距离和远距离的通信；远程采用云服务器进行数据的收发；PC 监测软件分别采用 LabVIEW、组态王、QT 设计师；移动监测采用 Android APP 开发平台，实现数据监测和远程控制。设计案例中主要包括系统方案设计、硬件电路设计、软件程序设计和部分算法研究。所有设计案例均为省级以上大学创新项目和优秀毕业设计成果，系统调试、运行正常，可以作为本科生进行相关无线传感器网络和物联网应用系统设计时的参考。通过本章的学习，可以培养和锻炼学生综合设计、应用开发和创新实践能力。

12.1 基于 WSN 的火灾探测报警系统

12.1.1 设计要求

采用 ZigBee 技术，设计一种将温度、烟雾、火焰测量于一体的智能无线传感器节点，构成无线传感器网络（WSN），实现火灾预测和报警。

12.1.2 系统硬件设计

无线传感器网络节点是组成火灾报警系统的基本单位，是构成火灾报警系统的基础。无线传感器网络节点需完成信息采集和数据传递的功能，节点中的电源模块还负责节点的驱动，是决定网络生存期的关键因素。无线传感器节点一般包括无线通信模块、数据处理模块（微处理器、存储器）、数据采集模块（传感器、A-D 转换器）、报警电路模块和电源模

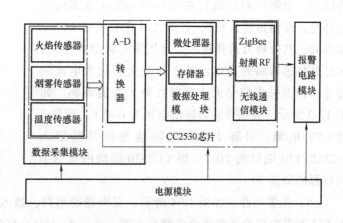

图 12-1 无线传感器网络节点

块等，如图 12-1 所示。

（1）CC2530 模块：CC2530 模块实现的主要功能有通过 8 路 12 位 A-D 口控制传感器模块进行数据采集，控制无线 RF 模块完成数据收发，通过 I/O 口响应主机控制。CC2530 无线传输距离可达 100m，若在 CC2530 模块增加 2.4 GHz 的射频前端芯片 CC2591 来提高无线通信部分的发射功率，进一步改善其接收灵敏度，从而可以扩展无线传感器网络的覆盖范围，信号传输距离可达 1000m 以上。

（2）温度传感器：采用 LM35D 温度传感器，其分辨力为 10mV/℃，工作温度范围为 0 ~ 100℃，工作电压为 4 ~ 30V，精度为 ±1℃，最大线性误差为 ±0.5℃，静态电流为 80μA，输出电压范围为 0 ~ 5V。传感器输出接 CC2530 I/O 端口的 P0.1（即 CC2530 模块内置 A-D 转换器的通道 1）。

（3）烟雾传感器：采用 MQ-2 半导体烟雾传感器，输出模拟量范围为 0 ~ 5V。如图 12-2 所示，传感器引脚 1 ~ 3 接 +5V 电源，引脚 5 串接电阻接地，引脚 4、6 并接接入放大器，经放大器放大后接入 CC2530 I/O 端口的 P0.2（即 CC2530 模块内置 A-D 转换器的通道 2）。

选用 LM358 运算放大器对传感器输出信号进行放大。

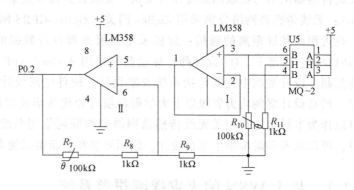

图 12-2 烟雾传感器电路

Ⅰ 构成电压跟随器，$V_1 = V_i$，可以减少电路模块间由于阻抗引起的干扰；Ⅱ 构成电压放大器，为保证引入负反馈，输出电压 V_o 通过电阻 R_7、R_8 接到反相输入端，同时反相输入端通过电阻 R_9 接地。放大电路的放大倍数 $A = (R_7 + R_8 + R_9)/R_9$，取 $R_9 = 1k\Omega$，$R_8 = 1k\Omega$，$R_7 = 100k\Omega$ 的滑动电阻，因此可以放大 2 ~ 102 倍。

（4）火焰传感器：JNHB1004 是一种远红外火焰传感器，能够探测到波长在 760 ~ 1100nm 范围内的红外光，探测角度为 60°，其中红外光波长在 940nm 附近时，其分辨力达到最大。当周围有火源产生时，远红外传感器将外界远红外光的变化转化为电流的变化，根据采集信号大小判断红外光线的强弱。如图 12-3 所示，火焰传感器输出电压为 0 ~ 5V，引脚 1 接 +5V 电源，引脚 2 串接电阻接地再并联接入 CC2530 I/O 端口的 P0.3（即 CC2530 模块内置 A-D 转换器的通道 3）。

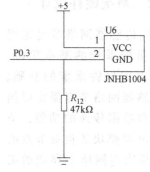

图 12-3 火焰传感器电路

（5）报警电路：如图 12-4 所示，双声报警电路，接入 CC2530 I/O 端口的 P1.2。由两个 555 时基电路组成的两个多谐振荡器：第一个（U1）555 构成低频振荡电路，频率 F_1 主

要由 C_1、R_2 决定，引脚 3 输出频率为 F_1 的低频信号，当 U1 的引脚 3 输出高电平时，第二个（U2）555 构成的高频振荡电路工作，其振荡频率 F_2 主要由 C_3、R_4 决定，且 F_2 远大于 F_1，这样在 U2 的引脚 3 输出为 F_2 的脉波调制信号。

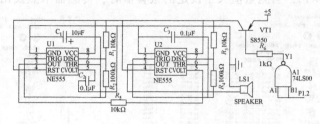

图 12-4　双声报警电路

晶体管 S8550 和与非门 74LS00 控制报警电路的通断，74LS00 芯片接 +9V 电源，当 CC2530 模块的 P1.2 端输出高电平时，经过与非门输出低电平 0V，晶体管 eb 极导通，从而报警电路处于导通状态，蜂鸣器发出 "滴嘟滴嘟……" 的声音；反之，P1.2 端输出低电平时，经过与非门输出高电平 9V，晶体管 eb 极不导通，电路不报警。

当温度传感器、烟雾传感器、火焰传感器采集到的 3 路信号传输到火灾报警中心进行数据融合后，若预测结果输出为 "有火灾"，则该节点的 CC2530 模块 P1.2 端输出高电平，发出火灾报警信号。

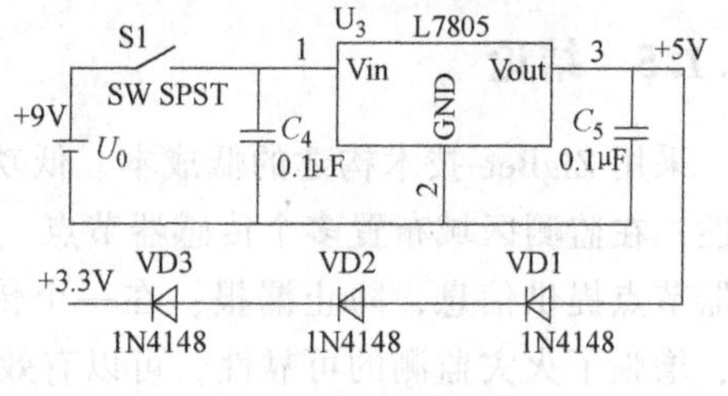

（6）电源电路：电源电路如图 12-5 所示，由 9V 干电池经过 L7805 稳压电源输出 5V 电压给各种传感器和芯片供电，再经 3 个硅型二极管压降为 3.3V 给 CC2530 模块供电。

图 12-5　电源电路

12.1.3　系统软件设计

传感器节点在不采集数据时处于休眠状态，节点一旦被查询，CC2530 开始采集数据，经过数据处理判断采集值是否超过设定的报警值，如果超过报警值，则发送数据到上位机启动报警，流程图如图 12-6 所示。

12.1.4　系统测试

火灾报警系统监控软件设计是在基于 VS2005 设计的 ZigbemPC 平台上进行的。图 12-7 是编号为 43672 节点的监测数据，图 12-8 是编号为 54350 节点的监测图形，图中同时显示温度、烟雾和火焰 3 种数据变化。为了在一幅图中同时显示 3 个参数，设定温度测量范围为 0～100℃；将烟雾传感器上限值 10000 缩小 100 倍，以 100×100 的形式表示（×100 为单位）；将火焰传感器上限值 1023 缩小 10 倍，以 102.3×10 的形式表示（×10 为单位）。

由图 12-7、图 12-8 可以看出，实验时温度报警值设定为 50℃，烟雾报警值设定为 75×100，火焰报警值设定为

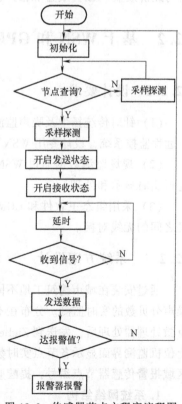

图 12-6　传感器节点主程序流程图

80×10，当测量值大于设定的报警值时，传感器节点发出报警声。

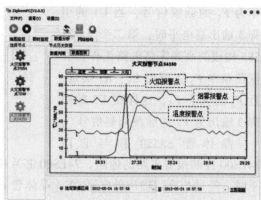

图 12-7　节点监测数据　　　　　　　　　　　图 12-8　节点监测图形

12.1.5　结论

采用 ZigBee 技术构建的低成本、低功耗的无线传感器网络克服了有线传感器网络的局限性；在监测区域布置多个传感器节点，在单一传感器节点故障后，可以依据其他正常的传感器节点提供信息，防止漏报；在一个传感器节点上集成温度、烟雾、火焰 3 种类型传感器，增强了火灾监测的可靠性，可以有效防止误报。该传感器节点开发、试制成功，具有较高的经济效益、社会效益和推广应用价值。

12.2　基于 WSN 和 GPRS 技术的扬尘及噪声远程监测系统

12.2.1　设计要求

（1）针对传统扬尘及噪声监测的现状，将 WSN、GPRS 技术和组态王软件应用于扬尘及噪声远程监控系统，设计专用 WSN 节点，实现建筑工地扬尘及噪声远程在线监测与报警功能。

（2）现场监测数据通过 WSN 节点、ZigBee-GPRS 网关和 Internet 网络上传到远程计算机进行实时显示和处理。

（3）采用组态王软件和 COMWAY 虚拟串口技术，实现现场无线传感器节点和远程计算机之间的无线对接。

12.2.2　系统方案设计

通过安装在城市建筑工地不同方位的多个 ZigBee 无线传感器节点，实现工地扬尘浓度及噪声分贝数的实时监测。分布在不同区域的无线传感器采集工地现场的扬尘和噪声信号，经节点微处理器处理后，发送到 ZigBee-GPRS 网关，通过 GPRS 基站、Internet 网络传输到上位机，上位机监测界面显示各节点实时数据，如果数据超出阈值范围，就会发出报警声，并显示相应区域报警传感器节点编号，提醒监控人员及时采取控制措施，有效防止环境污染。

1. 系统网络结构

将多个无线传感器节点安装在工地不同位置，节点测量数据通过 ZigBee-GPRS 网络、

Internet 网络传送至设置在环保部门、城管部门和行业主管部门的远程监测平台上。监测平台应用程序采用组态王图形化软件进行系统软件设。系统结构如图 12-9 所示。

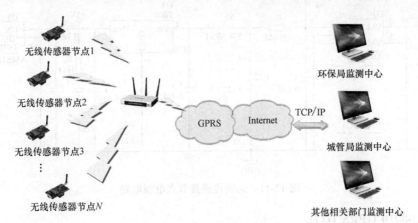

图 12-9   远程监测系统结构图

2. 无线传感器网络节点

无线传感器节点包括电源模块、传感器数据采集模块、CC2530 模块、报警及控制模块4 部分，如图 12-10 所示。

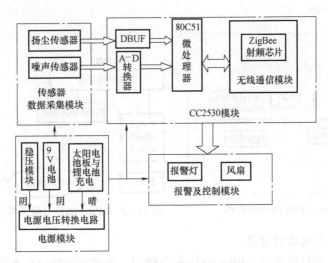

图 12-10   无线传感器网络节点

节点供电可采用 9V 太阳电池板、9V 电池或 9V 稳压电源 3 种供电方式，通过电源电压转换电路输出 5V 和 3.3V 电压，为无线传感器节点提供所需电源。电源电路如图 12-11 所示，图中 IN5819 肖特基二极管与 XB5351 一起构成太阳能充电电路，具有防过充、防反充功能；L7805 为 5V 稳压器，AMS1117 为 3.3V 稳压器。

3. ZigBee-GPRS 网关

ZigBee-GPRS 网关由 ZigBee 网关和 GPRS DTU 组合而成，如图 12-12 所示。ZigBee 网关包括 CC2530 模块、电源模块、复位电路、MAX232 转 TTL 电路、调试下载程序接口电路等。ZigBee 网关通过公对公交叉串口线与 WG-8010 GPRS DTU 相连，实现了数据的远程通信。

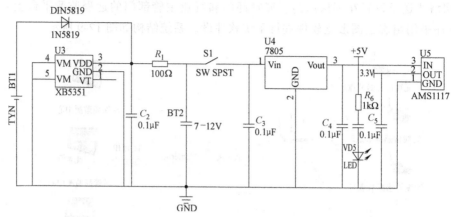

图 12-11　无线传感器节点电源电路

4. WG-8010 GPRS DTU

WG-8010 GPRS DTU 内部自带 GPRS 模块，初始化配置后，通过 GPRS 和 Internet 网络实现用户设备和服务器的连接功能，从而实现数据远程传输。GPRS DTU 与服务器之间通信由客户端发起，服务器端通过发回反馈或接收信号对 DTU 端做出响应。DTU 端与服务器端共同组成了基于 GPRS 和 Internet 网络通信的应用系统。GPRS DTU 与服务器通信和协议转换过程如图 12-13 所示。

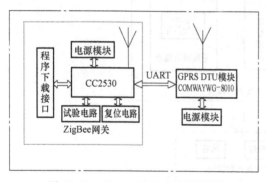

图 12-12　ZigBee-GPRS 网关结构图

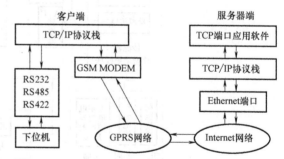

图 12-13　GPRS DTU 与服务器通信和协议转换过程

5. COMWAY 无线串口设置

COMWAY 无线串口软件与 GPRS DTU 配合使用。安装 COMWAY 无线串口软件后，建立网关串口数据和上位机之间无线通信信道，便可以接收所有传感器节点数据。系统不需要公网固定 IP 地址，也不需要设置网络端口映射和动态域名，通过设置虚拟串口，可实现现场无线传感器网络设备与远程计算机之间的无线连接。

12.2.3　数据采集模块

1. SLPD-D01 扬尘传感器

SLPD-D01 扬尘传感器利用光学检测空气中扬尘浓度。该传感器内置光电检测电路和 MCU 运算系统，输出当前环境扬尘浓度的数字信号；具有软件校准功能，可检测直径 $1\mu m$ 以上的粒子，检测浓度范围为 $5\sim500\mu g/m^3$；内置加热器形成恒定气流，可实现自动吸入空气。SLPD-D01 扬尘传感器输出接 CC2530 P0. 0 端口。串口通信时的配置波特率为9600bit/s，八位数据位，一位停止位。数据长度 = 命令字节 + 浓度数据高低字节的长度。扬尘浓度值（$\mu g/m^3$）= 浓度的高字节×256 + 浓度的低字节。

2. 噪声传感器 Loudness

噪声传感器输出模拟电压信号，具有高精确度、高可靠性、带有温度补偿、长期稳定性好、成本低等特点，有广泛的应用领域。它能检测噪声大小，显示噪声分贝值。Loudness 的主芯片 LM358 放大器内部包括两个独立、高增益、频率补偿的双运算放大器。传感器输出接 CC2530 P0. 4 端口。上位机显示的噪声分贝值 Y（dB）与测量数据 X 之间的关系，通过对传感器的标定和数据拟合分析得到，即 $Y = 0.04X + 24.04$。

12.2.4 远程监控平台设计

1. 总体流程图

系统总体流程图如图 12-14 所示。节点先初始化，延时一段时间等待扬尘传感器预热及噪声传感器工作在正常状态。然后，传感器节点开始采集数据，并进行数据处理。如果采集信号超出阈值，则打开光报警。如果扬尘监测值在 30min 内 20min 超限，则打开风扇吹 5min，清除灰尘，完成后重新计时。远程计算机监测平台从因特网上下载并记录数据，当接收到的数据不在阈值内时，在监控界面标记红色，产生报警，否则重新读入数据，如此循环。

2. 远程监测平台软件设计

远程监测平台上位机采用组态王 Kingview 6.55 软件进行应用程序设计。首先要新建工程，在数字词典里设计变量，然后绘制工程画面，根据要求完成图素和画面设计、动画连接和数据库连接，修改各自的属性。

应用程序编写时，首先初始化（包括窗体初始化、数据库连接等），准备接收 RTU 读寄存器的数据，并对数据进行处理（包括数据记录、数据图表制作等）。最后判断是否满足报警条件，当采集数据超过阈值时则弹出报警窗口，显示报警信息，并发出报警的"滴滴"声，延时后继续监测；若没有报警，则重新监测。上位机程序设计流程图如图 12-15 所示。

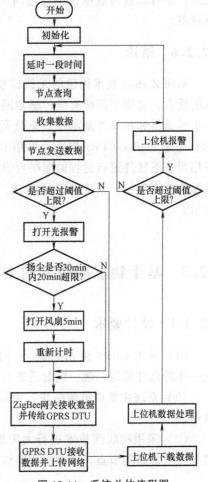

图 12-14　系统总体流程图

12.2.5 系统测试

系统远程监测软件具有以下功能：

（1）实时显示各节点传感器测量数据；

（2）绘制各节点传感器测量值与时间曲线；

（3）具有实时打印传感器测量数据报表功能；

（4）具有数据库历史数据查询功能。

启动监测软件，在输入工程管理密码后，获取工程使用权限，单击 VIEW 运行工程，进入监测系统的登录界面。接通各个无线传感器节点和 ZigBee-GPRS 网关电源，组网成功后，监测界面将分别显示不同节点的扬尘浓度、噪声分贝值及其变化曲线，数据曲线每秒更新一次。当传感器测量值大于设定阈值时，上位机报警，报警窗口数据将显示"红色"。报表系统可以实时打印当前扬尘与噪声的值，并且可以导出以前存储的报表。此外，还可以查询数据库中任意时间范围内节点的扬尘与噪声测量值。

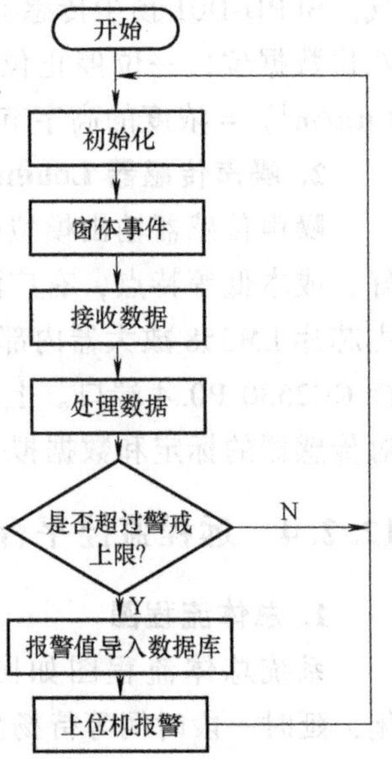

12.2.6 结论

采用 ZigBee 技术构建的无线传感器网络具有低成本、低功耗的优点，克服了传统有线传感器网络数据传输的局限性；在一个节点上集成噪声、扬尘等多个传感器和报警控制电路，充分利用 CC2530 模块的资源，节省了硬件成本；选用 GPRS DTU 组建 ZigBee-GPRS 网关，采用 COMWAY 通信协议，设置虚拟串口，简化了系统设计；采用组态王软件进行远程监测平台设计，实现数据监测、数据超限报警、数据保存及打印和数据查询等功能。系统经组网测试，性能稳定可靠，监测数据准确，具有较高的推广应用价值。

图 12-15 上位机流程图

12.3 基于物联网技术的太阳能路灯远程智能控制系统

12.3.1 设计要求

（1）采用 GPRS 和 Arduino 单片机，通过先进的云服务器，设计一种集监测、远程控制为一体的路灯控制系统，同时还兼有 PM2.5 空气质量监测的功能。

（2）系统主要由电源模块、控制模块、数据采集模块、数据处理模块以及无线传输模块组成。

（3）采用物联网技术进行太阳能路灯远程智能控制，在传统的路灯控制器的基础上，增加无线传感器节点，实时检测路灯环境，实现路灯的最优控制。

12.3.2 系统方案设计

采用 GPRS 模块、Arduino 处理器、数据采集模块等构建每一个路灯上的无线传感器节点，在每个路灯上都安装控制节点，传感器采集数据信息传送给 Arduino 进行数据处理，然后通过 GPRS 技术采用 EDP 协议将监测到的路灯数据参数（如光照值和 PM2.5 值）传送到云平台，之后监控管理中心发送 HTTP 请求（GET 方式查询命令响应）访问云服务器获取路灯环境监测的 JSON 数据，最后采用 QT 线程在用户界面显示并进行 JSON 数据解析来判断路灯的开/关或亮度等级，从而达到能够实时监测和控制路灯运行情况的目的。当路灯周围环境变化需要调节其照明度时，由 PC 发送工作指令，通过 Internet 反馈给 GPRS 模块，从而控制路灯工作。其核心是通过 GPRS 与服务器的连接，收发数据和命令。

本设计设置了两种模式，光照模式和时间模式。光照模式主要是根据光敏传感器监测的光照值来控制路灯亮灭和亮度等级，光照值越大，路灯亮度等级越低。时间模式分白天和黑天，白天主要是根据 PM2.5 值控制路灯是否需要点亮，亮的情况下亮度等级为 2 级；黑天统一亮灯，亮度等级为 3 级。具体情况如表 12-1 和表 12-2 所示。

表 12-1 光照模式

环境光照阈值设置值/lx	路灯亮度等级
0~光照阈值 1	3 级
光照阈值 1~光照阈值 2	2 级
光照阈值 2~光照阈值 3	1 级
大于光照阈值 3	如果 PM2.5 值超标则路灯亮度等级为 2 级

表 12-2 时间模式

白天时间段	PM2.5 值未超标	晴天	路灯不亮
	PM2.5 值超标	雾天	路灯亮度等级为 2 级
黑天时间段	路灯亮	路灯亮度等级为 3 级	

12.3.3 无线传感器节点硬件设计

每个路灯上的无线传感器节点的组成部分：第一部分是数据采集模块，根据设计需要采用光敏传感器、PM2.5 传感器；第二部分是数据处理模块，采用 TI 公司的 Arduino 处理器；第三部分是电源模块；第四部分是 GPRS 通信模块，包括 SIM900A、SIM 卡电路、GPRS 天线。无线传感器节点如图 12-16 所示。

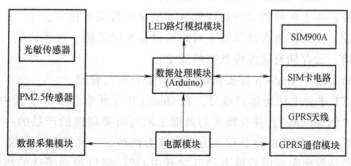

图 12-16 无线传感器节点

1. 数据采集模块

（1）光敏传感器：BH1750FVI 是常见的一种型号的光敏传感器，是一种两线式的数字型光传感器，测量范围为 $1\sim65535\text{lx}$，测量稳定性较好，受红外线影响较小。

（2）PM2.5 传感器：一种光散射法的激光传感器，可对空气中微粒浓度进行检测，测量范围为 $0\sim1000\mu\text{g/m}^3$，运行时间可达到 20000h。

2. 数据处理模块

数据处理模块采用的是 Arduino 开发板，Arduino 是一种使用起来灵活可靠的开源电子平台。它由微控制器和 Arduino IDE 软件组成（集成开发环境），可以将计算机中编写的软件代码写入物理板中。启动时就调用 setup（）函数，使用此函数来初始化变量、引脚模式和启用库等。setup（）函数只能在物理板的每次上电或复位后运行一次。在 setup（）函数初始化并且设置了初始值后，loop（）函数允许程序连续循环地更改和响应，来主动控制 Arduino 板。

3. GPRS 通信模块

GPRS 通信是通用分组无线业务，它采用分组交换技术，可实现用户永远在线。本课题采用的是 SIM900A，SIM900A 模块是一个完整的四波段 GSM/GPRS 模块，它结合了 GPS 技术用于卫星导航。在 SMT 包中集成 GPRS 和 GPS 的紧凑设计将大大节省客户开发 GPS 支持应用程序的时间和成本。它以行业标准接口和 GPS 功能为特色，允许在任何地点和任何时间，在信号覆盖范围内无缝跟踪被测参数。

12.3.4 系统软件设计

1. 总体流程图

总体流程图如图 12-17 所示。

2. 节点软件流程图

节点软件流程图如图 12-18 所示。

3. OneNET 设备创建

OneNET 就是云端数据管理中心。云服务中心帮助开发者接入和连接设备，作为数据中心，可以实时推送接入设备的数据，完成所要开发的产品的工作部署，适用于各种传感网络、通信网络，实现智能家居、智能硬件、智能创客等。OneNET 具有以下功能：

（1）专网专号：通过注册账号方式对外开放；

（2）海量连接：基于各种约定的协议和 API 满足各种设备接入；

（3）在线监控：实现在个人计算机上对终端设备实时监测、在线调试、实时控制管理；

（4）数据存储：云存储有效保障数据的安全；

（5）数据分析：基于 Hadoop 等提供统一的数据分析与管理。

首先在 OneNET 平台上注册用户账号，在 OneNET 首页单击"开发者中心"，然后在跳出的页面上选择"创建产品"，并在跳出的页面上填写所要创建的产品的一系列信息，就可以进行产品创建了。OneNET 的设备接入方式协议有两种，一种是私有协议（RGMP），另一种是公开协议。产品创建完成以后单击"开发者中心"，然后根据所选的协议类型，进入相应的"产品列表"，在跳出的界面里就可以管理接入的设备了。创建好设备后，通过网络与 OneNET 服务器建立起来 TCP 连接，最后将数据按照选择的协议，打包上传到云平台，就可以实现设备的终端控制了。设备管理界面如图 12-19 所示。

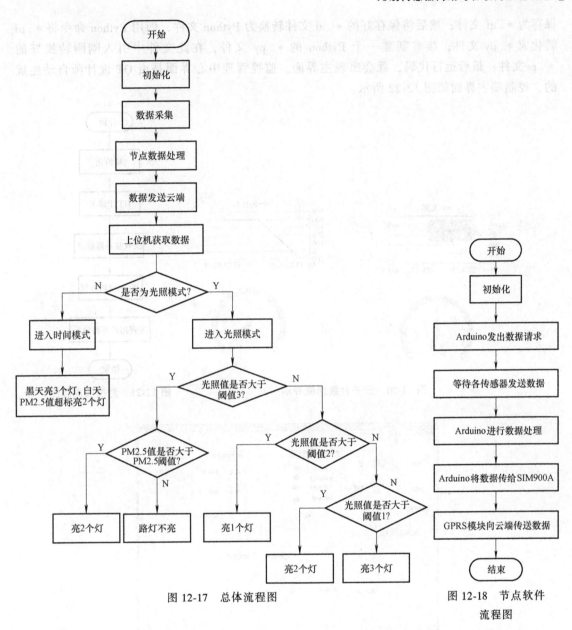

图 12-17 总体流程图

图 12-18 节点软件
流程图

通过 OneNET 应用编辑器，在元件库面板拖拽元素到编辑区，可以灵活方便地实现 OneNET 上创建的设备的数据流可视化。本设计云平台数据流展示如图 12-20 所示。

4. 远程 PC 监控界面设计

远程监控流程图如图 12-21 所示。远程 PC 监控界面设计利用 QT 设计师，在"新建窗体"中选择"MainWindow"创建一个空白窗体。用 QT 设计师在 degt box 中拖放需要的控件，并修改控件属性信息，

图 12-19 设备管理界面

保存为 *.ui 文件；然后将保存好的 *.ui 文件转换为 Python 文件，即用 Python 命令将 *.ui 转化成 *.py 文件；接着新建一个 Python 的 *.py 文件，在此文件中引入刚刚转换好的 *.py文件；最后运行代码，就会出现主界面。监控管理中心界面是由 QT 设计师自动生成的，控制端主界面如图 12-22 所示。

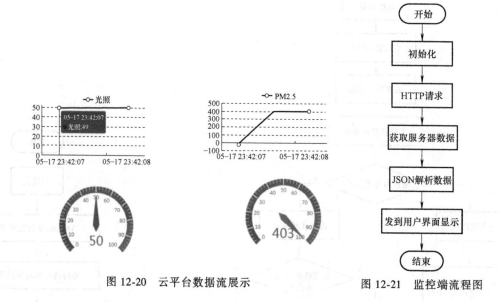

图 12-20　云平台数据流展示

图 12-21　监控端流程图

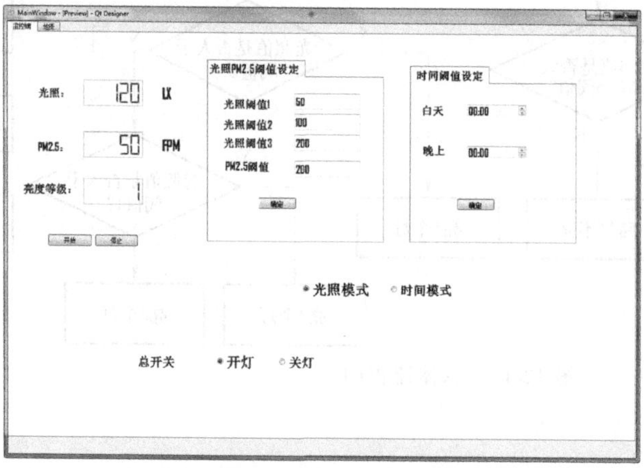

图 12-22　控制端主界面

12.3.5　系统调试

将无线传感器节点通过数据线连接计算机，打开 Arduino LED 将节点软件程序上传到 Arduino 开发板中，上传成功后，在软件 PyCharm 中单击"运行"按钮，调动窗体 MainWindow，然后单击"开始"按钮，再选择"开灯"。

1. 光照模式

单击"光照模式"，在光照阈值设定控件中设置光照阈值 1 为 50lx，光照阈值 2 为

100lx，光照阈值 3 为 200lx，PM2.5 阈值为 200FPM。

（1）当光照值小于 50lx 时，路灯亮度等级为 3，即 3 个 LED 灯都亮，如图 12-23a 所示。

（2）当光照值在 100～200lx 之间时，路灯亮度等级为 1，即 1 个 LED 灯亮，如图 12-23b 所示。

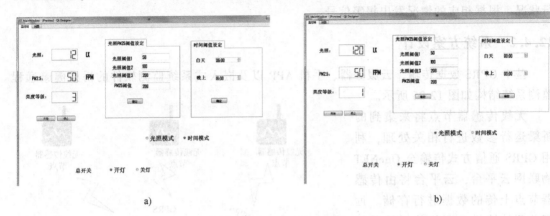

图 12-23　监控端主界面

2. 时间模式

单击"时间模式"，在时间阈值设定控件中设置"白天"和"晚上"阈值，"白天"的意思就是关灯时间，"晚上"的意思就是开灯时间，如图 12-24 所示。

图 12-24　时间模式主界面

12.4　桥梁健康状态远程在线监测系统

12.4.1　设计要求

采用 OneNET 物联网云平台，利用 GPRS 或 NB-IoT 技术、Android APP、QT 嵌入式监测软件，设计一种集监测、显示、数据存储、报警、数据分析为一体的远程实时监测系统。其主要研究内容如下：

（1）搭建无线传感器网络。在桥墩处布置相应的无线传感器节点，节点数据通过 GPRS（或 NB-IoT）模块上传至 OneNET 云服务器端，最终在手机以及监测软件终端实时显示与监测，并将数据存入到数据库。

（2）建立神经网络数据分析模型。将监测数据读入神经网络模型中，自动分析桥梁运行状况，根据相应的情况发出报警信号。

12.4.2　系统方案设计

基于 GPRS 数据传输、云服务器、手机 APP 以及嵌入式系统监测软件的桥梁健康远程监测系统结构如图 12-25 所示。

无线传感器节点将采集到的桥梁运行参数进行相关处理，利用 GPRS 通信方式传输至 OneNET 物联网云平台，云平台将由传感器节点上传的数据进行存储。远程监测计算机监测软件以及手机 APP 通过网络通信实时获取云服务器数据，对数据进行可视化处理，以更人性化的界面显示在维护人员面前。维护人员可通过监测软件内置的神经网络数据分析算法进行数据分析，判断桥梁健康状态，并采取相应举措，维护桥梁运行状况，进而保持桥梁的安稳运行，避免桥梁安全事故的发生。图 12-26 为监测节点工作原理框图。

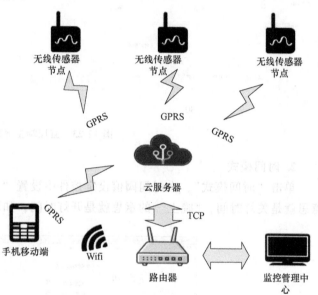

图 12-25　桥梁健康远程监测系统结构图

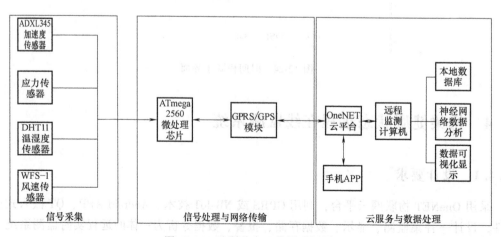

图 12-26　监测节点工作原理框图

12.4.3 系统关键技术

1. 物联网云平台

物联网即"万物互联"，是基于互联网，在原有框架的基础上延伸和扩展的全新网络架构，其用户范围扩大到了物体之间的信息交互与数据传输。物联网云平台封装了实现物联网服务器端体系架构所需的一切。云平台具有可扩展的架构，使用者可编写相关程序并为其提供集成功能。用户无需购买任何硬件，只需调用相关 API 接口，即可实现数据存储和转发。

2. NB-IoT 技术

NB-IoT（窄带物联网）技术是一种低功率广域网（LPWAN）无线电技术标准，其使得广泛的设备与服务能够介入蜂窝电信频带连接，是专为物联网架构设计的窄带无线传输技术。

3. GPRS 技术

GPRS 是由欧洲电信标准委员会为解决 GSM 系统只能在电路域进行数据交换的缺陷而推出的数据传输技术，全称为通用分组无线技术，为第二代移动通信数据传输技术，也称作 2.5G 技术。

4. Android APP

Android 系统是一个基于 Linux 内核的开放源代码移动操作系统，最初是由安迪鲁宾等开发制作的，而后 Google 成立的开放手机联盟持续领导与开发，主要设计用于触屏移动设备（如智能手机和平板电脑）与其他便携式设备。

5. QT 嵌入式系统图形界面

QT 是一种开源的可直接运行在各种操作系统中的用户界面程序的开发框架，广泛用于开发 GUI 程序，在 Windows、UNIX、Linux 等系统中有着广泛应用。通过 QT 框架开发的软件，可在不修改原有代码的基础上，直接在任何支持的操作系统上运行。QT 会根据不同操作的系统界面 UI 风格，自动转换用户界面主题。

6. BP 神经网络

BP（Back Propagation）的全称为误差反向传播，这种方法是通过迭代并结合如梯度下降法等最优化求解方法，来对人工神经网络进行训练的传统方法。在 BP 算法中，首先对所有权重的损失函数进行求解并得出其梯度，然后经由一系列最优化求解方法，用来反向更新权值以及偏差，最终使得损失函数达到最小值。

12.4.4 系统硬件设计

系统采用 Arduino 系列中的 ATmega2560 芯片作为微处理器。传感器主要采用温湿度传感器、加速度传感器、压力传感器和风速传感器。无线传输模块采用 SIM808 模块连接单片机，使传感器节点与云服务器建立连接，实现远程数据传输。

1. 数据采集模块

（1）温湿度传感器：温湿度传感器型号为 DHT11，该传感器内部集成了电容式湿度测量元器件和负温度系数温度测量元器件，并通过 A-D 转换电路直接输出 40 位数字信号，温度测量范围为温度 0~50℃，湿度测量范围为 20%~90%RH。

（2）加速度传感器：选用 ADXL345 三轴加速度传感器，分辨力为 16 位，数值以 16 位二进制补码作为输出格式，单片机可通过 IIC 通信进行主机与从机之间的传感器数据传输。ADXL345 适合在轻型和小型化设备上使用，可在建筑物的倾斜偏差与倾角测量应用中测量静态重力加速度，还可以测量物体受到冲击时或振动时导致的动态加速度。

（3）压力传感器：采用 FSR406 薄膜压力传感器，该传感器利用电阻的变化来进行压力的测量，电阻值为 350Ω 左右，分辨力为 2.0%，电阻对标称值公差为 120Ω±3Ω，适用温度范围为−30~60℃。该传感器通过全桥电路整流滤波以及放大电路后输出 0~5V 模拟信号。

（4）风速传感器：采用 WFS-1 型传感器，该传感器采用 9~24V 直流电供电，风速测量范围为 0~30m/s，分辨力为 0.1m/s，动态响应时间小于等于 0.5s，输出信号为 0~5V 模拟信号。

2. 数据处理模块

数据处理模块采用开放源代码电子平台 Arduino 的 ATmega2560 芯片，这是目前市面上功能最强大的 8 位单片机微控制器，其提供了丰富的硬件操作库，便于初学者上手开发，提升开发效率。在 Arduino 系列中的 ATmega2560 芯片是一个基于微控制器板的 8 位单片机开发板，它具有 54 个数字输入/输出引脚，其中一部分数字引脚可作为 PWM 引脚，16 个模拟信号引脚，4 个硬件串口，1 个 16MHz 的晶振器，1 个 DC 5~12V 电源插孔。

3. 无线传输与定位模块

SIM808 模块既有 GPRS/GSM 数据传输功能，又有 GPS 定位功能。在本设计中，单片机可在同一个串口下实现 GPS 数据解析并通过 GPRS 将 GPS 数据发送出去，实现实时定位。

12.4.5 物联网云平台配置与数据上传

物联网云平台主要负责数据的收集、存储和转发，是建立传感器节点和监测终端连接的桥梁，在数据远程收发起着决定性的作用。本设计采用中国移动开发的物联网开放平台 OneNET 作为系统云服务器。OneNET 提供多样化的设备接入协议，因本设计需长期与平台保持点对点连接，所以适合采用 EDP 协议。

EDP 是 OneNET 平台根据物联网特点专门定制的完全公开的基于 TCP 的协议，可以广泛应用到家居、交通、物流、能源以及其他行业中。图 12-27 为 EDP 协议接入流程图。

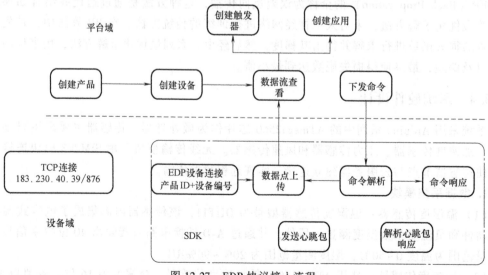

图 12-27　EDP 协议接入流程

1. 云平台配置

（1）首先登录云平台，注册账号，进入开发者中心，创建新的产品，产品协议选择 EDP，通信方式选择 GPRS。

（2）接着进入产品，单击"创建设备"，然后添加相应数据流，最后获取设备 API-KEY 和设备 ID，以便调用。

2. 传感器节点与云平台通信

（1）初始化模块设备：首先通过单片机发送 AT 指令配置 GPRS/GPS 模块，使其与云平台服务器建立连接。AT 指令代码如下（这几个命令分别用于配置移动台类别、GSM/GPRS 连接方式、网络接入点、GPRS 信息业务、本地网络端口，建立与 OneNET 服务器的 TCP/IP 连接，开启数据透明传输模式）：

```
while ( ! doCmdOk("AT+CGCLASS=\"B\"","OK"));
while ( ! doCmdOk("AT+CGDCONT=1,\"IP\",\"CMNET\"","OK"));
while ( ! doCmdOk("AT+CGATT=1","OK"));
while ( ! doCmdOk("AT+CIPCSGP=1,\"CMNET\"","OK"));
while ( ! doCmdOk("AT+CLPORT=\"TCP\",\"2000\"","OK"));
while ( ! doCmdOk("AT+CIPMODE=1","OK"));          //透传模式
```

（2）设备连接服务器后，还需对之前配置的云平台虚拟设备进行连接，才能进行数据上传。

（3）程序进入主循环后，通过一个标志位 edp_connect 判断是否建立连接，然后通过 OneNET 提供的 SDK 中的 packetconnect 函数将平台设备的 API-KEY 和设备 ID 封装为一个请求包，并通过 packetsend 将这个数据包发送出去。然后串口等待服务器发回来的响应，如果串口读取的数据为 20 00 00 则表示连接成功，此时云平台上设备就会出现一个在线标志，即表示已经建立长连接，如图 12-28 所示。

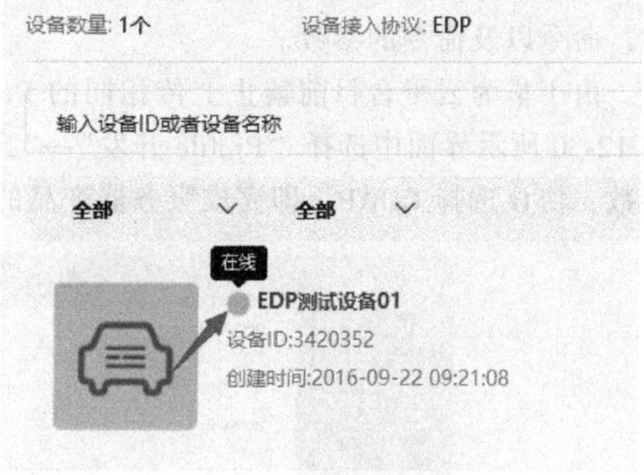

图 12-28　EDP 设备在线标志

3. 数据上传

建立连接后，由于传感器读取到的数据都是 float 或者 int 类型，而网络通信过程中所有数据都是字符串类型，所以在数据上传前需要进行类型转换，将测得数据转换成 char 类型，然后通过 packetDataSaveTrans（NULL, datastr, val）函数封装成 EDP 数据包进行上传，上传数据可在云平台设备的数据流中查看，如图 12-29 所示。

12.4.6　NB-IoT 通信

由于目前运营商逐渐开始退出 2G 网络，GPRS 基站越来越少，导致 GPRS 信号不稳定，在 EDP 连接时极易出现断连现象，严重影响监测效果。因此，本设计对 NB-IoT 技术进行了一定研究，提出一种改进方案。本设计采用华为 OceanConnect 平台和移动的 BC95 模块进行调试。

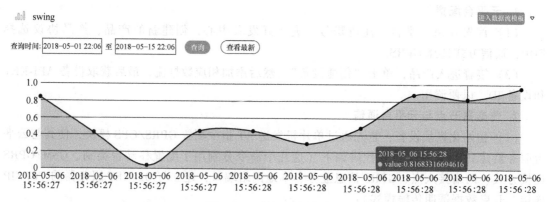

图 12-29　数据上传效果图

1. OceanConnect 配置

华为专为 NB-IoT 通信引入了一种与 HTTP 协议相似的轻量级应用协议 COAP，但此项协议对开发人员要求较高，配置也较为烦琐。

首先登录华为云平台，注册账号，进入远程实验室，单击"预约"，选择 IoT 物联网方案，填入相关信息后，会收到华为官方邮件，根据邮件提示进入 Protal 登录界面，填入邮件中的账号密码，即可进入远程实验室。图 12-30 为华为物联网远程实验室界面。

（1）Profile 文件开发，Profile 文件为华为 NB-IoT 设备模型的定义，是用来描述设备类型和设备服务能力的文件。它定义了同一类型的设备所具备的能力、每个服务所具备的属性、命令以及命令的参数。

由于华为云平台目前禁止上传相同的 Profile 文件，因此需要自己开发 Profile 文件。在图 12-30 所示界面中选择 "Profile 开发"→"自定义产品"→"创建全新产品"，然后填入相关参数，协议选择 COAP，即完成服务器产品的创建。

图 12-30　华为物联网远程实验室界面

物联网服务器产品创建完成后，需创建服务来进行数据的上传与命令下发。填入服务名称，添加属性，属性即需要上传的数据流名称、格式，以及访问模式。本设计数据较为复杂，所以直接采用自定义的 JSON 结构体，属性配置如图 12-31 所示。最后单击"导出 Profile 文件"，即完成 Profile 文件的开发。

（2）解码插件开发。华为云平台不提供对个人编写的 Profile 文件的解码支持，需自行开发解码插件。单击"插件开发"→"添加插件"→"新建插件"，选择对应 Profile 进入插件的开发界面。

单击"新建消息"，输入消息名称、描述和消息类型（包括数据上传、命令下发和命令下发响应）。单击"添加字段"，填入上报数据名称，必须与 Profile 文件中设置的数据流名称保持一致。添加完成后，选择对应的 Profile 文件，建立 Profile 属性、命令与消息的映射关系，可通过拖拽服务中的属性与命令，与消息中的字段进行关联。图 12-32 为 Profile 文件与编码插件的映射。映射连接完成后，单击"保存"按钮并部署，即完成解码插件的开发。

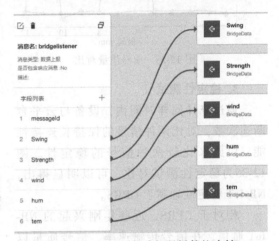

图 12-31　Profile 属性配置　　　　　图 12-32　Profile 与编解码插件的映射

（3）设备注册。单击"Profie"导入，上传之前导出的 Profile 文件，在 Profile 详情页，填写"设备名称"和"设备标识码"，然后完成注册，并牢记设备注册成功后返回的设备 ID 与 PSK 码。

2. NB-IoT 数据上报

数据上传通过串口调试助手，利用一系列 AT 指令来调试 BC-95 模块，波特率设为 9600。

12.4.7　GPRS 与 NB-IoT 通信测试对比

1. 室外信号质量测试

通过单片机每隔 1min 向模块发送 AT 指令 AT+CSQ 进行信号质量测试。AT+CSQ 指令返回的数据格式为+CSQ：<rssi>，<ber>。第一个参数是信号强度，根据 RSSI 算法定义，当该数值小于 31 时，数值越大代表信号强度越强；当数值等于 99 时，代表信号强度未知，大多为无信号。第二个参数为误码率，数值越高，说明信道越不好。图 12-33 为信号质量对比，在 12min 测试内，NB-IoT 信号都处于稳定状态，GPRS 信号有一定波动性。

2. 传输速率测试

单片机通过数据传输模块向云平台发送同样数据量的 JSON 格式数据，利用两个平台自带的流量统计工具，对比同一时间内数据传输量。图 12-34 为数据传输速率对比，可以看出 NB-IoT 传输速率略高于 GPRS。

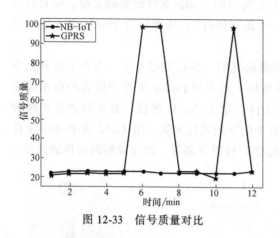

图 12-33　信号质量对比

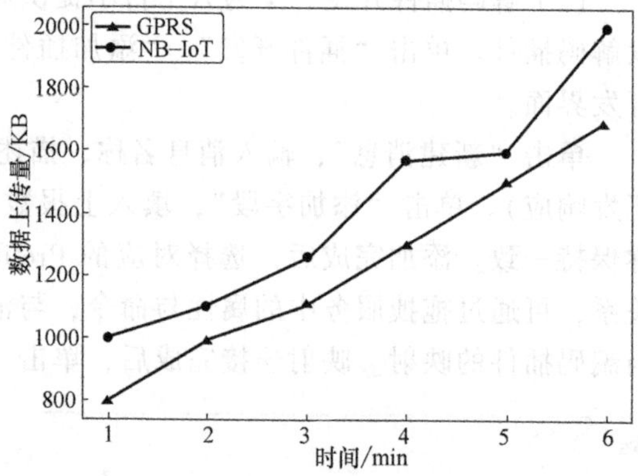

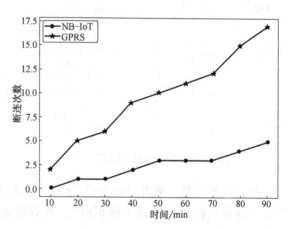

图 12-34　传输速率测试对比

3. 稳定性测试

通过统计同样时间内，设备与云平台断连次数，对比两种信号的保持长连接性能，以此来比较两种信号的稳定性。图 12-35 为稳定性测试对比，可以明显得出，NB-IoT 稳定性远高于 GPRS。

相对于 GPRS，近些年刚兴起的 NB-IoT 通信，在信号传输速率、信号质量以及稳定性方面都具优势，这项技术在将来可能完全替代 GPRS 通信。

12.4.8　Android APP 开发

图 12-35　稳定性测试对比

桥梁健康远程监测系统采用 Android 开发软件，该软件提供了丰富的开发与调试工具；采用 Java 语言开发，Java 起源于 C++，但复杂度低于 C++，对初学者较为友好，程序接口丰富，适合于 Android 系统。

1. 总体框架

本系统 APP 主要围绕 Android 界面设计，从 Android 客户端发送网络请求获取服务器节点数据、Android 数据本地数据存储以及 Android 数据可视化展示这几方面展开。

打开手机 APP，APP 会通过列表控件显示当前传感器节点列表，用户单击任意一个节点，APP 会跳转至所选择的传感器节点界面。该界面显示该节点所监测到的桥梁运行数据如挠度、振动、风速等参数以及算法分析出来的桥梁运行状况。监测参数通过文本显示出来，折线图控件显示数值变化趋势，APP 底部的选项卡可以通过滑动切换。当手机切换至地图界面时，手机会标示出所选数据采集节点的所在地，使用者可任意对地图界面进行收缩、放大和滑动。点击至桥梁运行状况界面，其会通过一个饼状图显示桥梁运行状况的三种可能性，当某种异常状态可能性超过阈值时，手机会发送通知，提示维护人员采取相关措施。图 12-36 为 APP 界面效果图。

图 12-36　APP 界面效果图

2. 网络通信

手机 APP 需要与服务器建立连接获取服务器存储的数据，OneNET 云平台提供了丰富的 API 接口，APP 可通过发送 HTTP 请求获取响应，对数据流以及数据节点进行查询。

（1）通信流程：APP 建立子线程，在子线程中向 OneNET 发送 HTTP 请求获取 OneNET 云平台返回的 JSON 格式数据响应，APP 对 JSON 数据进行解析获取有用信息，再通过 Handler 机制发送回主线程进行界面刷新。图 12-37 为 APP 网络通信流程图。

（2）HTTP 通信：如图 12-38 所示，采用了开源框架 OkHttp 来代替 Android 原有的 HttpURLConnection。

（3）JSON 数据解析：当完成一次 HTTP 通信后，可从服务器获取到 JSON 数据。由于 JSON 数据无法直接展示给用户，需对其进行解析。本设计采用 GitHub 的一个由谷歌主导的开源项目 GSON 进行 JSON 数据解析，该框架可将一段 JSON 数据映射成一个 JavaBean 对象，无须开

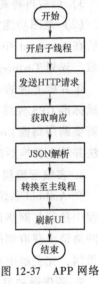

图 12-37　APP 网络通信流程图

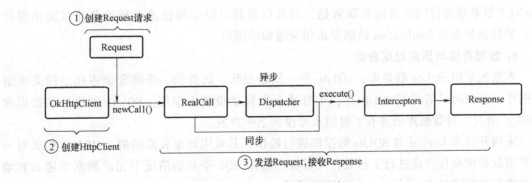

图 12-38　OkHttp 框架流程处理

发者编写类似正则表达式之类的工具软件去解析。首先分析该 JSON 数据结构，通过 JavaBean 类对其进行描述，通过调用 GSON 的 API 进行映射，即可直接提取相应信息。提取完成后信息如下所示：

振幅：0.24mm；形变：0.99mm；风速：2.55m/s；温度：21℃；湿度：67% RH；时间：2018-05-25 13：30：26。

3. 地图显示

（1）开发包配置：地图插件采用高德提供的程序接口，用户通过下载 SDK 并调用相关程序接口，即可实现地图的界面嵌入。不过在使用前，需要获取高德的 API-KEY 才能实现地图的基本操作功能。具体操作如下：

1）进入高德 API 平台，申请开发者账号后，进入控制台，单击"添加新的 API-KEY"，在对话框中将应用类型设置为 Android，再根据平台提示通过 cmd 命令行获取 Android 数字签名信息 SHA1 值，然后填入开发包名，单击"确定"按钮后即可获取高德平台 API-KEY。

2）单击 OpenProject 进入工程，进入 AndroidManifest. xml 文件，在其中配置相应的 API-KEY。

3）最后再将高德开发的 SDK 填入 Android 开发库中，编译后即可调用相关程序接口。

（2）地图功能实现：首先在布局文件中声明一个 TextureMapView，并配置其相关属性，然后在 Fragment 中重写 onResume（）、onPause（）、onSaveInstanceState（Bundle outState）函数，规划 TextureMapView 的生命周期，即可进行地图显示。

单片机上传的 GPS 数据为原始数据，需进行相关坐标转换。首先通过计算公式将其转换成标准 GPS 经纬度坐标，但因为高德采用的是火星坐标系，与 GPS 坐标有一定偏差，所以需要调用高德 CoordinateConverter 工具类将 GPS 坐标转换成高德坐标，最后调用 addMarker 方法并填入转换后的坐标即可在地图上显示位置。

4. 多线程编程

在 Android 系统中，为了不阻塞 UI 线程的进行，影响用户的正常操作，是不允许在 UI 线程中执行如网络请求等耗时操作的，也不能在子线程中更新 UI。但是在本项目中，必须将网络请求获取到的数据显示到用户界面上，所以借助 Android 系统提供的一套异步消息处理机制，完美解决在子线程中更新 UI 的操作。

5. 警告通知发送

通过 Android 的服务机制使得程序在用户退出应用后仍能在后台运行。后台程序定时与 OneNET 服务器进行网络通信获取数据，如果数据超过设定阈值或者桥梁整体状况出现异常，手机就会通过 Notification 机制发送相应通知给用户。

6. 数据存储与历史数据查询

本系统采用 SQLite 数据库，SQLite 是一款轻型化、运算快、系统资源占用少的关系型数据库，运行时只需几百 KB 内存，十分适合在移动设备上应用。SQLite 支持标准数据库（SQL）语言，对数据库语言有了解的人可很快上手开发。

采用开源库 LitePal 对 SQLite 数据库进行操作，其采用对象关系映射（ORM）模式对一些常用数据库操作方法进行了封装，可以在不适用 SQL 语句的情况下完成数据库建表和增删改查的数据库操作。

12.4.9 远程计算机监测软件开发

监测软件是基于 Ubuntu 系统、PyQt 框架、Python 语言开发的，集成了网络通信、数据库、数据分析算法、数据可视化的嵌入式用户界面系统。Ubuntu 是一款在 Linux 系统基础上开发的开源操作系统，Ubuntu 系统拥有更好的用户界面、丰富的 HUD 接口，可兼容不同的工业显示屏，且因为使用率低和安全性的强调，受感染概率大大降低。

Ubuntu 系统自带 Python 语言环境，包括 Python2 与 Python3，无需用户另外安装。Python 是一门代码规范、可扩展性和可嵌入性强、程序库丰富且开源的高级编程语言，相比于 C++或 Java，Python 的代码更为简洁，开发者能用更少的代码量完成同样的逻辑设计，不管是小型还是大型程序，该语言都试图让程序的结构清晰明了。

1. 远程计算机监测软件流程

远程计算机监测软件流程图如图 12-39 所示。

2. 开发环境准备

监测软件运用 Python 语言开发，在开发前期只需配置好相关模块，即可在开发过程中直接导入。

（1）Linux 开发环境配置

1）pip 安装：pip 是专门用于管理 Python 程序模块的工具。在 Ubuntu 命令行下通过 sudo apt-get install python3-pip 可直接实现 pip 的安装，安装完成后可直接在命令行终端实现对 Python 功能模块的管理。

2）界面设计工具配置：Qt Designer 是专门为 PyQt 程序设计窗体界面的开发软件，无须用户自己编写代码，只需简单的鼠标操作就能完成烦琐的界面设计，并提供了实时预览功能。在命令行终端通过 sudo apt-get install qt5-default qttools5-dev-tools 即可完成安装，再通过 designer 命令，即可启动界面设计工具。

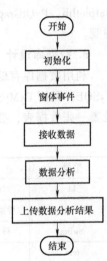

图 12-39 远程计算机
监测软件流程图

3）数据库 MySQL 配置：MySQL 是一个广泛应用于中小型以及个人网站的开源关系型数据库管理系统。在 Ubuntu 系统下通过 Linux 指令进行配置，在安装过程中对用户名以及密码进行数据库的配置。

（2）开发模块配置

Python 程序模块：可直接通过命令行 pip3 install +模块名进行配置。

Request 模块：负责进行与云服务器的 HTTP 通信；

PyQtGraph 模块：数据可视化；

Numpy 模块：科学计算以及数据分析；

PyMySQL 模块：数据库操作；

JSON 模块：网络数据解析。

3. 界面设计

界面主要采用 TabWidget 选项卡布局，用户可任意切换选项卡，对实时数据、历史数据、桥梁健康状态进行查询。通过 QTDesigner 进行 UI 设计，生成 XML 格式的 UI 文件，再通过 PyUIC 工具转化成可执行的 Python 文件并应用到工程中。

主程序在 QT 线程通过 Request 模块进行网络通信获取服务器响应，然后进行 JSON 解析，并实时存储，最后利用 QT 的信号机制将数据发回主线程进行实时显示。监控界面如图 12-40 所示。

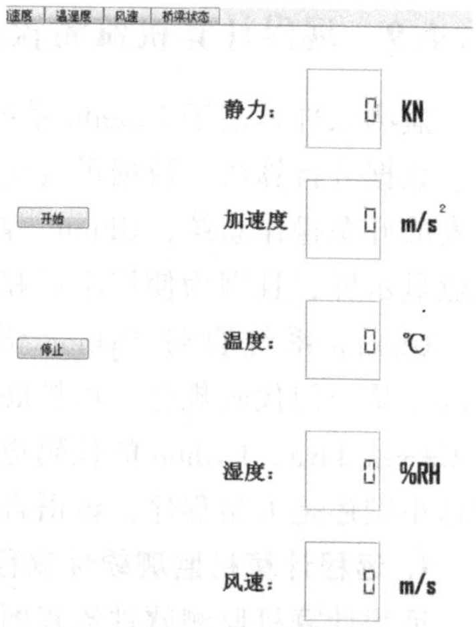

4. 数据可视化设计

采用 PyQtGraph 绘制图标，使数据查看更为直观。PyQtGraph 是一个基于 Python 语言的图形图表库，构建在 PyQt 和 Numpy 上。尽管完全是用 Python 编写的，但是这个库的速度非常快，因为它使用 Numpy 处理数据和 QT 的 GraphicsView 框架来快速显示。相对于数据可视化操作库 Matplotlib，PyQtGraph 更容易嵌入 PyQt 界面中，且更为美观。

图 12-40　监控界面

5. 数据库设计

利用数据库存储环境数据，为实时监控功能的实现提供数据支撑。采用关系型数据库 MySQL，调用 PyMySQL 对数据库进行增删查改等操作。在数据库中为每一个传感器节点都设置一张数据表，数据表结构如表 12-3 所示。

表 12-3　桥梁监测数据表

字段	描述	类型	字段	描述	类型
id	记录 ID	int	time_value	参数采集时间	string
Strength	桥梁挠度数值	float	wind	风速	float
Swing	桥梁振动量	float	hum	湿度	int
tem	温度	int			

其中，id 为每条数据记录的 ID，数据类型为 11 位整型，同时设置为主键；Strength 为桥梁监测挠度数据，数据类型为浮点型，小数点保留至 4 位；Swing 为桥梁监测振幅数据，数据类型为浮点型，小数点保留至 3 位；wind 为桥梁监测风速数据，数据类型为浮点型，小数点保留至 1 位；hum 为桥梁监测湿度数据，数据类型为 11 位整型；tem 为桥梁监测温度数据，数据类型为 11 位整型；time_ value 为传感器上传数据时间，数据类型为字符串型。

12.4.10　神经网络数据分析算法设计

1. 人工神经网络

前向多层神经网络是以人脑中的神经网络为启发，通过模仿人脑中的神经元结构建立的一种抽象数学模型，已经在各个行业广泛应用。现已提出 40 多种神经网络模型，其中最经典的模型为 BP 神经网络。

2. 神经网络模型

人工神经网络是由大量的简单处理单元广泛连接组成的可以进行推理学习的复杂系统，理论上只要训练集和隐藏层足够强大，其可以模拟出任何方程。人工神经网络的运行主要分为两个过程，即训练过程和运行过程。在训练阶段，通过对提供的训练样本进行不断学习，修正连接神经元之间的权重以及偏差，使其逼近训练集样本真实值。在运行阶段，则是通过训练阶段不断修正得到的连接权重以及偏差，对输入向量直接进行运算，从而得出对应的分析结果。图 12-41 是神经网络基本结构。

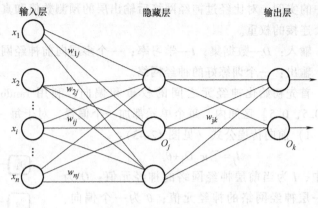

神经网络每层由一系列神经元组成，将由训练数据集实例的特征向量作为输入层，经过连接点的权重传入下一层，上一层的输出作为下一层的输入，隐藏层个数是随意的。

图 12-41　神经网络结构

3. BP 神经网络的建立

（1）交叉验证方法。在训练过程中计算准确度时，可以将数据分为训练集和测试集，训练集为用来产生模型的数据，测试集就是在训练好的模型基础上，将训练集实例的特征输入进去与测试集数据标签进行比对，计算准确度，即是将数据分成两块：训练数据集与测试数据集。但在机器学习领域中，有一种常用且更加科学的方法，即交叉验证方法来计算准确度。在交叉验证方法中将数据分成若干份，第一次用第一份作为测试集，其余部分用作训练集，训练结束后进行评估可得一个准确度 Y_1，以此类推，可得 Y_2，Y_3，…，Y_n，最后取平均值，得出最终的准确度。交叉验证示意图如图 12-42 所示。

（2）神经网络设计。在训练神经网络之前，首先确定神经网络的层数和每一层神经元的数量。为了加快学习速度，被传入输入层的训练数据实例的特

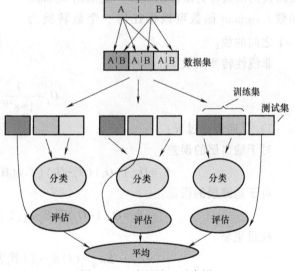

图 12-42　交叉验证示意图

征向量需要先通过标准化函数转化到 0~1 之间，对于离散型变量一般将其编码成每一个输入单元对应一个特征值可能赋的值。比如，特征值 A 可能取 3 个值（a_0，a_1，a_2），可以使用 3 个输入单元来代表 A。如果 $A=a_0$，那么代表 a_0 的单元值就取 1，其他取 0；如果 $A=a_1$，那么代表 a_1 的单元值就取 1，其他取 0。在本设计中，该神经网络输入的特征向量为桥梁原始数据，应变作为 a_1，振动作为 a_2，风速作为 a_3，温、湿度分别作为 a_4、a_5。

神经网络即可用来做分类问题，也可以解决回归问题。本项目的目的是分析桥梁处于何种状态，所以是分类问题，可根据桥梁状态的种类设置相应的输出单元，每个类别用一个输出单元表示。对于隐藏层没有明确规则时，最好设计多个隐藏层，并通过实验训练和误差分析方法加以改进。

（3）神经网络的训练。误差反向传播是 BP 神经网络的核心，其利用迭代性来处理训练集中的实例，对比经过神经网络后输出层的预测数值和真实值之间的差距，从反方向来更新每个连接的权重。

输入：D—数据集；l—学习率；一个多层向前神经网络。

输出：一个训练好的神经网络。

首先初始化神经元之间的权重和偏向，利用 random 函数使其位于 $[-1, 1]$ 或者 $[-0.5, 0.5]$ 区间内，每个单元都加一个偏置，对于每一个训练实例，执行以下步骤：

1）前向传递公式（见图 12-43）：

$$I_j = \sum w_{ij}O_i + \theta_j$$

式中，I 为当前层神经网络的神经元值；O 为上一层神经网络的神经元值；θ 为一个偏向，每一层都必须有一个偏置，否则在分类时，神经网络只能围绕原点处分类。

2）非线性转换：在通过加权求和后需通过非线性转换才能得到下一层的值，进行非线性转换的函数称为激活函数，一般采用 sigmoid 函数。sigmoid 函数可以将任何一个数转换为 0~1 之间的数。

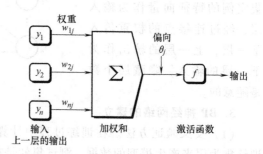

图 12-43　前向传递公式

非线性转换函数 sigmoid：

$$O_j = \frac{1}{1+e^{-ij}}$$

3）反向传送过程：

对于输出层的误差：

$$E_j = O_j(1-O_j)(T_j-O_j) \quad (T \text{ 为真实值}, O \text{ 为自身值})$$

对于隐藏层的误差：

$$E_j = O_j(1-O_j)\sum E_k w_{jk} \quad (k \text{ 代表后面一层})$$

权重更新：

$$\Delta w_{ij} = (l)E_j O_i \quad (l \text{ 代表学习率})$$

$$w_{ij} = w_{ij} + \Delta w_{ij}$$

偏向更新：

$$\Delta \theta_j = (l)E_j$$

$$\theta_j = \theta_j + \Delta \theta_j$$

因为神经网络的训练过程是循环往复的，但是不可能一直运行下去，所以需要一些停止条件。停止条件一般有权重更新低于某个阈值、预测的误差低于某个阈值以及进行了一定的循环次数。

这样一个完整前向神经网络就建立完成了，只需将桥梁监测的原始数据输入，计算机会自动分析数据并预测结果。

4. 神经网络的运行

利用传感器节点分别对淮安市三座处于不同状态的桥梁进行数据采集，采集的数据有应变、振动、风速、温湿度，将这些数据作为输入的特征向量。根据服务器统计的总数据量为15670 条，其中 6512 条数据为健康状态标签的数据，5231 条数据为需维护状态标签的数据，3927 条数据为危险状态标签的数据。利用交叉验证方法，将这些数据集输入至神经网络进行训练，根据算法统计，训练成功时迭代总次数为 53210 次，未用 GPU 加速，总训练时间为 2 小时 38 分。

训练完成后，分别将三组状态标签的数据输入进行测试。当输入为健康状态数据时，桥梁状态分析如图 12-44a 所示；当输入为需维护状态数据时，桥梁状态分析如图 12-44b 所示；当输入为危险状态数据时，桥梁状态分析如图 12-44c 所示。

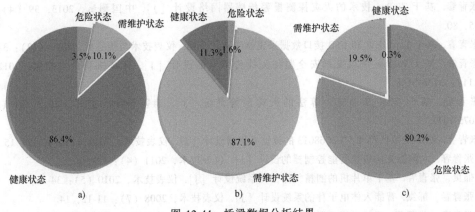

图 12-44 桥梁数据分析结果

根据饼状图，准确率皆在 80% 以上，可将阈值设为 80%。当桥梁健康状态大于 80% 时，判断桥梁为健康状态；当需维护状态大于 70% 时，发送通知告知工作人员采取措施进行维护；当危险状态大于 50% 时，发送通知告知工作人员关闭桥梁，进行勘察，采取维修措施。

12.4.11 结论

桥梁健康远程监测系统通过传感器节点对桥梁运行参数进行采样，将收集到的数据利用 GPRS 通信传输至 OneNET 云平台，手机 APP 和监测软件通过云平台开放的网络通信接口实时获取数据，实现了数据的远程传送，解决了传统桥梁监测的人工现场勘查的缺陷。维护人员可通过手机 APP 实时查看桥梁运行状况以及历史数据。监测软件将获取的数据进行实时显示并存储在本地数据库，同时通过数据可视化将历史数据更为直观地展示给维护人员，通过数据分析算法将自动对桥梁状态进行分析。系统创新点如下：

（1）远程计算机与手机 APP 多平台监控，使监测手段更为多样化、更具灵活性。

（2）对于 GPRS 方式现有的弊端，提出了应用 NB-IoT 方案进行改进，并进行了相关测试。根据对比测试，NB-IoT 在多个性能方面优于 GPRS。

（3）对于现有桥梁监测评估算法的缺点，本设计提出 BP 神经网络算法对桥梁状态进行评估，实现了机器学习技术与传统工程项目的结合，使系统实现智能化管理。

参 考 文 献

[1] 张青春，纪剑祥. 传感器与自动检测技术 [M]. 北京：机械工业出版社，2018.

[2] 张青春，汪赟，陈思源，等. 基于 LabVIEW 电动机性能综合测试平台的实现 [J]. 机械与电子，2016，34（6）：41-44.

[3] 张青春，邹士航，王燕. 基于 WSN 和 COMWAY 协议温室大棚参数远程监控系统设计 [J]. 中国测试，2015，41（6）：72-75.

[4] 张青春，王伟庚，孙志勇. ZigBee 技术在塔吊安全监测预警系统中的应用 [J]. 计算机测量与控制，2014，22（8）：2615-2617.

[5] 张青春. 基于 ZigBee 技术的火灾探测报警传感器网络设计 [J]. 中国测试，2013，39（4）：73-75，80.

[6] 张青春. 基于 LabVIEW 和 USB 接口数据采集器的设计 [J]. 仪表技术与传感器，2012（12）：32-34.

[7] 张青春. 基于 ZigBee 结构支撑安全监测无线传感器的设计 [J]. 计算机测量与控制，2012，20（11）：3136-3138.

[8] 张青春. 基于 WSN 和 WSVR 算法的火灾预警系统 [J]. 消防科学与技术，2012，31（10）：1075-1077.

[9] 张青春. 基于虚拟仪器和 CY7C68013 的数据采集器设计 [J]. 仪表技术，2012（1）：10-12，15.

[10] 张青春. 太阳能光伏转换智能控制器的设计 [J]. 仪表技术，2011（4）：1-2，6.

[11] 郁岚，张青春. 基于单片机的酒精气体检测系统设计 [J]. 仪表技术，2010（5）：34-36，39.

[12] 张青春，郁岚. 智能人体电子秤的系统设计 [J]. 仪表技术，2008（7）：11-12，14.

[13] 张青春，武莎莎. 基于虚拟仪器的超声波探伤仪的设计 [J]. 仪表技术，2005（6）：11-13.

[14] 张青春. 汽车智能防盗防撞报警系统的设计 [J]. 仪表技术，2005（2）：13-14，20.

[15] 张青春，陈思源，侯杰林，等. 一种电动车电机性能综合测试系统：江苏，CN106226697A [P]. 2016-12-14.

[16] 张青春，纪剑祥，叶小婷，等. 一种基于 ZigBee 和 GPRS 技术扬尘、噪声远程监测系统：江苏，CN204791506U [P]. 2015-11-18.

[17] 张青春. 一种基于 WSN 和 WSVR 算法火灾预警系统. 江苏，CN202855011U [P]. 2013-04-03.

[18] 张青春. 一种基于 LabVIEW 和 USB2.0 接口数据采集器：江苏，CN202422126U [P]. 2012-09-05.

[19] 2017 年教育部高等学校仪器类专业优秀毕业设计案例 [Z]. 教育部高等学校仪器类专业教学指导委员会，2017.

[20] 2015 年教育部高等学校仪器类专业优秀毕业设计案例 [Z]. 教育部高等学校仪器类专业教学指导委员会，2015.

[21] 王金豆. 基于物联网技术太阳能路灯远程控制系统的硬件设计 [D]. 淮安：淮阴工学院，2018.

[22] 甘浩宇. 桥梁健康状态在线监测预警系统的软件设计 [D]. 淮安：淮阴工学院，2018.